Kindergruppen in der Feuerwehr

von

Michael Klein
Geschäftsführer des
Landesfeuerwehrverbandes Rheinland-Pfalz
Vorsitzender des Fachausschusses »Kinder in der Feuerwehr«
der Deutschen Jugendfeuerwehr

Matthias Düsterwald
Gymnasiallehrer
Vorsitzender des Fachausschusses
»Bildung« der Deutschen Jugendfeuerwehr

Verlag W. Kohlhammer

1. Auflage 2022
Alle Rechte vorbehalten
© W. Kohlhammer GmbH, Stuttgart
Gesamtherstellung: W. Kohlhammer GmbH, Stuttgart

Print:
ISBN 978-3-17-033297-3

E-Book-Formate:
pdf: ISBN 978-3-17-033299-7
epub: ISBN 978-3-17-033301-7

Vorwort

Alle Statistiken und Einschätzungen zum demografischen Wandel besagen, dass es in Zukunft immer weniger (junge) Menschen geben wird, die für unsere Feuerwehren zur Verfügung stehen. Daher ist es von großer Bedeutung, Nachwuchs mit Hilfe der Jugendfeuerwehr und der Kindergruppen in der Feuerwehr sicherzustellen. Natürlich liegt es auf der Hand, dass dies kein alleiniges Allheilmittel ist und zudem weitere Ansätze in einem multiperspektivischen Sinn verfolgt werden müssen. Es wäre aber sträflich, an dieser Stelle tatenlos zu bleiben. Deshalb ist es ein wichtiger und richtiger Schritt, möglichst früh mit Kindern im Alter ab sechs Jahren das Thema »Feuerwehr« spielerisch zu gestalten und sie damit an das Ehrenamt »Feuerwehr« heranzuführen.

Die Nachwuchsgewinnung steht neben dem allgemeinen »Feuerwehr-Bildungsauftrag« im Fokus und besitzt jetzt wie auch in der Zukunft einen hohen Stellenwert. Die Zukunft des Ehrenamts hängt von dem kind- und jugendgerechten Umgang mit dem Nachwuchs sowie dessen nachhaltiger Motivation ab. Fühlen sich die Kinder und Jugendlichen in den Wehren wohl, wächst die Chance, diese auf Dauer an die Institutionen zu binden und für das Ehrenamt zu gewinnen. Dies kann allerdings nur gelingen, wenn vermieden wird, die bekannten Inhalte und Methoden der Jugendfeuerwehrarbeit unreflektiert für die Kindergruppen zu übernehmen. Stattdessen bedarf es einer eigenständigen Herangehensweise einschließlich einer gewissen inhaltlich-methodischen Abgrenzung zur Jugendfeuerwehr, um der besonderen Altersstufe von Kindern in der Feuerwehr gerecht zu werden.

Das haben in den letzten Jahren Entscheidungsträger aller Bundesländer in Deutschland verstanden und entsprechende Änderungen in ihre Gesetzgebungen eingebracht. Hierdurch sind die Kindergruppen als anerkannte Einrichtungen der Feuerwehr nunmehr in den Brandschutzgesetzen verankert und werden damit in den umfassenden gesetzlichen Unfallschutz nach Sozialgesetzbuch einbezogen.

Um alle Bundesländer anzusprechen, haben wir wann immer möglich versucht, diesbezüglich möglichst allgemein zu formulieren. Trotzdem möchten wir darauf hinweisen, dass insbesondere bei gesetzlichen Regelungen nicht immer alle Länderspezifika erfasst werden konnten, aber natürlich immer Berücksichtigung finden müssen.

Als Leiter der gemeinsamen Projektgruppe »Kinder in der Feuerwehr« vom Deutschen Feuerwehrverband und der Deutschen Jugendfeuerwehr bzw. Vorsitzender des Fachausschusses Bildung der Deutschen Jugendfeuerwehr spielen für uns die Kindergruppen in der Feuerwehr eine große Rolle innerhalb unserer ehrenamtlichen Arbeit. Es bereitet uns dabei große Freude, dass sich die Kindergruppen so hervorragend entwickeln und wir damit auch wertvolle außerschulische Bildung anbieten können. Denn wir bereiten mit unserer Arbeit auch ein Stück weit auf das Leben vor.

Wir hoffen, mit diesem Buch weiterhin zur bundesweiten Umsetzung von Kindergruppen beizutragen und wünschen allen, die sich mit dem Nachwuchs befassen, viel Spaß bei ihrer Arbeit. Es lohnt sich, sich für das System Feuerwehr in Deutschland einzusetzen.

Vorwort

Info:

Es wurde versucht, die Begriffe im Text möglichst neutral zu formulieren. Wenn dies nicht möglich war, wurde das generische Maskulinum verwendet. Die nachstehend gewählten männlichen Formulierungen gelten deshalb uneingeschränkt auch für die weiteren Geschlechter.

Info:

Weiterführende Informationen zum Thema Kinderfeuerwehr können der Homepage der Deutschen Jugendfeuerwehr entnommen werden (Stand Dezember 2021):

https://jugendfeuerwehr.de/schwerpunkte/kinder-in-der-feuerwehr

Inhaltsverzeichnis

Inhaltsverzeichnis

1 Der Hintergrund und die Notwendigkeit von Kindergruppen in der Feuerwehr

1.1 Was sind Kindergruppen in der Feuerwehr?

In den Kindergruppen der Feuerwehr sind Mädchen und Jungen organisiert, die noch nicht das Eintrittsalter für die Jugendfeuerwehr (zehn Jahre) erreicht haben und sich für die Feuerwehr interessieren. Sie sind somit hinsichtlich der Altersstruktur unmittelbar der Jugendfeuerwehr vorangestellt. Das Mindestalter der Kinder, die in diese Vorbereitungsgruppe aufgenommen werden können, beträgt zumeist sechs Jahre. Diese um vier Jahre erweiterte mögliche Mitgliedschaftsspanne stellt für das komplette Betreuerteam eine besondere Herausforderung dar. Denn es gilt, zehn bis maximal 12 Jahre sinnvoll, abwechslungsreich und spannend zu füllen, sodass bis zum angestrebten Übergang in die Einsatzabteilung keine motivatorischen Schwierigkeiten auftreten, die zu einem Austritt führen könnten.

Gekoppelt ist das Eintrittsalter an den Beginn der Schule. Hier startet naturgemäß ein weiterer persönlicher Lebensabschnitt, der u. a. häufig zu einer neuen Interessenausrichtung führt. Dies ergibt ein sinnvoll gewähltes Eintrittsalter in die Kindergruppen der Feuerwehr. Flankiert wird diese Festlegung durch die Tatsache, dass Kinder im Alter ab zehn Jahren schon deutlich festgelegtere Interessen besitzen, was in der Vergangenheit häufig dazu geführt hat, dass keine Begeisterung mehr für den Eintritt in die Jugendfeuerwehr erzeugt werden konnte.

In den Kindergruppen werden feuerwehrbegeisterte Kinder Schritt für Schritt an die Welt der Einsatzkräfte herangeführt. In regelmäßigen Gruppenstunden erfahren und erleben Kinder auf spielerische Art, im Rahmen ihrer Möglichkeiten gemeinsam mit der Gruppenleitung, was die Feuerwehr ausmacht. Besonderes Augenmerk liegt auf der Vermittlung von Elementen aus der Brandschutzerziehung und der Weitergabe von Werten wie Freundschaft, Hilfsbereitschaft und Teamfähigkeit, im Feuerwehrdeutsch gesprochen – der Kameradschaft. Im Gegensatz zur Jugendfeuerwehr befasst sich der überwiegende Anteil der Gruppenstunden mit der allgemeinen Kinder- und Jugendarbeit. Zusammenfassend gesagt bieten die Kindergruppen den Kindern im Alter von sechs bis zehn Jahren daher besondere Möglichkeiten, ihre Freizeit sinnvoll zu gestalten und diese mit ihrem Interessengebiet »Feuerwehr« zu verknüpfen.

1.2   Die Ziele oder: Warum soll es Kindergruppen geben?

Das übergeordnete Ziel besteht darin, durch die Förderung der Kindergruppen einen altersgerechten Raum für Kinder zu schaffen, um dort ihre Wahrnehmung, Kreativität, Fantasie und ihr soziales Verhalten zu fördern. In einer sinnvollen

Freizeitbeschäftigung sollen sie Chancen zur Selbstentfaltung erhalten. Durch spielerisches Lernen wird ihnen soziales Engagement nahegebracht. Im Folgenden sind die wichtigsten Lernziele einzeln aufgeführt:

Brandschutzerziehung

Ein elementarer Bestandteil in der Arbeit mit Kindergruppen ist die Brandschutzerziehung. Kinder sollen spielerisch an die Fragen des Brandschutzes herangeführt werden, um die Motivation zu erhöhen, im Notfall handlungsfähig zu sein und keine negativen oder gar traumatischen Erfahrungen machen zu müssen. Folgende Ziele werden dabei verfolgt:

- Den Kindern Erfahrungen ermöglichen, um ihre Handlungskompetenz in Gefahrensituationen zu erweitern.
- Die Kinder für Gefahren sensibilisieren, um so einer Gefährdung vorzubeugen.
- Die Kinder im richtigen Umgang mit Feuer schulen, um heimliches Zündeln zu verhindern.
- Den Kindern konkrete Hinweise geben, wie Brände verhindert werden können.
- Den Kindern das korrekte Verhalten in Notsituationen vermitteln (»Schockstarre« vermeiden).
- Den Kindern das Hintergrundwissen mitgeben, um einen Notruf absetzen zu können.
- Den Kindern die Jugendfeuerwehr und die Einsatzabteilung sowie das Feuerwehr-Equipment vorstellen.

> **Merke:**
>
> Um das Risiko bei den Übungen zur Brandschutzerziehung möglichst gering zu halten, sollten alle Aktionen durch ausgebildete und erfahrene Betreuer durchgeführt und kontrolliert werden.

Vermittlung von Werten

In den Kindergruppen sollen neben Spiel und Spaß und der Brandschutzerziehung vor allem auch Werte vermittelt werden. Die wichtigsten Ziele bei der Vermittlung von Werten werden nachstehend aufgeführt:

- Kameradschaft, Gruppenleben und Teamgeist stärken.
- Sozialkompetenz fördern.
- Freundschaften anbahnen und pflegen.
- Hilfsbereitschaft untereinander entstehen lassen.
- Das solidarische Eintreten für Andere und Schwächere thematisieren.
- Verantwortungsbewusstsein üben und stärken.
- Gesellschaftsfähigkeit erlernen.
- Sinnvolle Freizeitgestaltung erfahren.
- Demokratische Bewusstseinsbildung und Beteiligung der Kinder an demokratischen Prozessen herbeiführen.
- Bei der Persönlichkeitsentwicklung unterstützen.
- Leistungsbereitschaft und Ausdauer fördern.
- Umweltbewusstsein schaffen.
- Gesundheitsbewusstsein entwickeln.

Die Grundlage einer »Förderung [der] Entwicklung […] und Erziehung zu einer eigenverantwortlichen und gemeinschaftsfähigen Person« ergibt sich aus dem Gesetz zur Kinder- und Jugendhilfe, das im achten Sozialgesetzbuch verankert ist.

Sozialgesetzbuch (SGB) – Achtes Buch (VIII) – Kinder- und Jugendhilfe – (Artikel 1 des Gesetzes v. 26. Juni 1990, BGBl. I S. 1163)

§ 1 Recht auf Erziehung, Elternverantwortung, Jugendhilfe

(1) Jeder junge Mensch hat ein Recht auf Förderung seiner Entwicklung und auf Erziehung zu einer eigenverantwortlichen und gemeinschaftsfähigen Persönlichkeit.

(2) Pflege und Erziehung der Kinder sind das natürliche Recht der Eltern und die zuvörderst ihnen obliegende Pflicht. Über ihre Betätigung wacht die staatliche Gemeinschaft.

(3) Jugendhilfe soll zur Verwirklichung des Rechts nach Absatz 1 insbesondere

1. junge Menschen in ihrer individuellen und sozialen Entwicklung fördern und dazu beitragen, Benachteiligungen zu vermeiden oder abzubauen,
2. Eltern und andere Erziehungsberechtigte bei der Erziehung beraten und unterstützen,
3. Kinder und Jugendliche vor Gefahren für ihr Wohl schützen,
4. dazu beitragen, positive Lebensbedingungen für junge Menschen und ihre Familien sowie eine kinder- und familienfreundliche Umwelt zu erhalten oder zu schaffen.

(www.gesetze-im-internet.de, Stand Dezember 2021)

Nachwuchs sichern

Neben den vielfältigen Zielen, die direkt durch die Arbeit mit den Kindern in den Kindergruppen erreicht werden, gibt es Ziele, die langfristig die Zukunftsfähigkeit der Institution »Freiwillige Feuerwehr« und der Verbände sichern sollen. Konkret bedeutet dies, dass mit den Gründungen von Kindergruppen angestrebt wird, den späteren Nachwuchs für die Jugendfeuerwehr und die Einsatzabteilung zu gewinnen. Denn der fortschreitende demografische Wandel zeigt deutlich, dass die Gesamtbevölkerung immer mehr abnimmt bzw. altert und dies auch spürbar Auswirkungen auf die Freiwilligen Feuerwehren haben wird.

Merke:

Wer die Zukunftsfähigkeit der Feuerwehren sichern will, der muss schon heute handeln!

Die Gesamtbevölkerung in Deutschland schrumpft seit vielen Jahren, auch die Zahl der Geburten nimmt ab. Ein Trend, der sich nach den vorliegenden Prognosen fortsetzen wird. Welche Auswirkungen dies bereits heute hat, zeigt sich in vielen Diskussionen um die Zusammenlegung oder gar Schließung von Grundschulen aus »Kindermangel«. Der Blick auf die Vorausberechnungen der Bevölkerungsentwicklung in Deutschland bis 2060 macht dies deutlich.

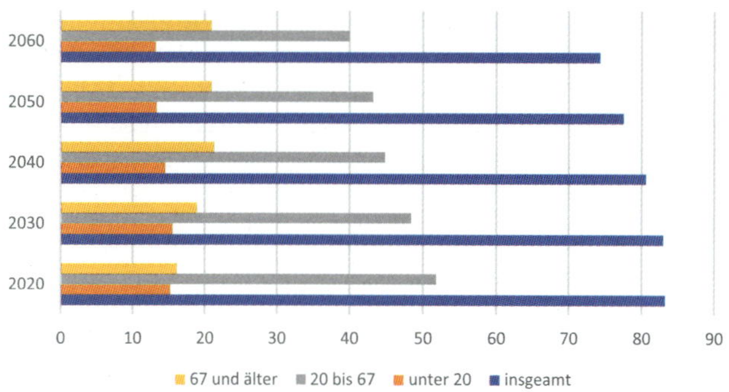

Bild 1: *Die Bevölkerungsentwicklung in Deutschland zwischen 2020 und 2060 (Quelle: Destatis, 2019)[1]*

In den nächsten Jahren wird der Anteil der jungen Menschen im Verhältnis zur älteren Bevölkerung noch weiter abnehmen. Somit wird die Altersspanne der 10- bis 16-Jährigen anteilsmäßig ausgedünnt werden. Eine übergeordnete Strategie ist daher die Unterstützung bei Neugründungen von Kindergruppen in der Feuerwehr sowie die Förderung der bereits bestehenden Gruppen. Dies kann eine Möglichkeit sein, den aktuellen Tendenzen zu begegnen, darf aber nicht als Allheilmittel (vgl.

---

1   Entwicklung der Bevölkerungszahl bis 2060 nach ausgewählten Varianten der 14. koordinierten Bevölkerungsvorausberechnung. Unter der Annahme einer moderaten Entwicklung der Geburtenhäufigkeit mit jährlicher Geburtenrate bei 1,55 Kindern je Frau, eines moderaten Anstiegs der Lebenserwartung bei Geburt bis 2060 für Jungen auf 84,4 und für Mädchen auf 88,1 Jahre bei unterschiedlich hohem durchschnittlichen Wanderungssaldo von 147 000 Personen pro Jahr (Variante 1, G2-L2-W1).

Vorwort) in Sachen Nachwuchssicherung verstanden werden. Auf Bundesebene sind zum Zeitpunkt der Veröffentlichung dieses Buches über 40.000 Kinder im Alter von sechs bis zehn Jahren in solchen Kindergruppen organisiert. Das entspricht rund 15 % der Kinder in der Jugendfeuerwehr deutschlandweit.

Tabelle 1: *Statistik Deutsche Jugendfeuerwehr (Stand 2018)*

Alter	Jungen	Mädchen	Anzahl Gesamt	Jungen %	Mädchen %
unter 6	757	303	1.060	71,42 %	28,58 %
6	4.620	2.157	6.777	68,17 %	31,83 %
7	6.261	3.078	9.339	67,04 %	32,96 %
8	8.311	3.900	12.211	68,06 %	31,94 %
9	9.112	4.212	13.324	68,39 %	31,61 %
10	16.472	6.628	23.100	71,31 %	28,69 %
11	17.864	7.032	24.896	71,75 %	28,25 %
12	21.795	9.177	30.912	70,51 %	29,49 %
13	22.975	8.771	31.746	72,37 %	27,63 %
14	23.897	8.411	32.308	73,97 %	26,03 %
15	22.379	7.848	30.227	74,04 %	25,96 %
16	19.669	6.671	26.340	74,67 %	25,33 %
17	15.039	4.914	19.953	75,37 %	24,63 %
18	4.528	1.717	6.245	72,51 %	27,49 %
über 18	1.746	557	2.303	75,81 %	24,19 %
gesamt:	**198.425**	**75.316**	**270.741**	**72,18 %**	**27,82 %**

Durch die Öffnung hin zu der Zielgruppe der unter Zehnjährigen können die Kindergruppen für die Jugendfeuerwehr einen entscheidenden »Wettbewerbsnachteil« wieder ausgleichen. Denn bisher standen im Vergleich zur Feuerwehr andere Vereine für die Interessen von Kindern und Jugendlichen auch schon in früheren Lebensphasen offen. Die Feuerwehren verpassten gerade in der Phase, in der sich die Kinder erstmals nach außerhäuslichen Betätigungsmöglichkeiten umsehen, eine sehr große Chance und ließen sich die Gelegenheit zur Nachwuchssicherung entgehen. Man beschränkte sich auf das Vertrösten bis zum Erreichen des Eintrittsalters für die Jugendfeuerwehr mit den vielfach unausweichlichen Folgen der Orientierung zu anderen Vereinen hin. Kinder wollen nicht warten! Sie wollen im Rahmen ihrer Möglichkeiten dann selbst aktiv werden, wenn sie es wünschen. Und diese Möglichkeit dazu boten ihnen andere Gruppen oder Vereine – nicht aber die Feuerwehr! Mit den Kindergruppen wird nun die Möglichkeit geschaffen, dass die Kinder von Anfang an Bestandteil der Feuerwehr sind und dadurch auch von Beginn an eine feste Bindung entwickeln können.

Ehrenamt fördern

Zu guter Letzt ist es auch ein Ziel der Kindergruppen, über die Kinder möglicherweise deren Eltern und/oder Geschwister für das Ehrenamt zu gewinnen. Wenn Eltern und Geschwister in die Arbeit der Kindergruppen miteinbezogen werden, ist es möglich, auf diesem Weg ihr Interesse und das Engagement für die Feuerwehr zu wecken. Sollten die Kinder aus der Kinderfeuerwehr auch in die Jugendfeuerwehr und später in die

Einsatzabteilung übergehen, wird das Ehrenamt auch direkt durch die Nachwuchsgewinnung gefördert.

1.3   Die Zielgruppe

Wir alle kennen sicherlich das Phänomen der bereits in sehr jungen Jahren einsetzenden Begeisterung sehr vieler Kinder für die Feuerwehr. Sie bewundern diejenigen, die offensichtlich das mit Urängsten verbundene Element Feuer beherrschen und scheinbar keine Angst davor haben. Diese Macht möchten sie ebenfalls ausüben und selbst so sein wie die Vorbilder. Interesse weckt auch das technische Equipment der Feuerwehr. Die großen Autos mit ihrer umfangreichen Beladung, bei der es immer wieder etwas Neues, Spannendes zu entdecken gibt, fördern den Entdeckergeist der Kinder, nicht zu vergessen natürlich Blaulicht und »Tatütata«. Und letztendlich ist da auch noch der Spaßfaktor, denn wo sonst kann man immer wieder so lustig mit dem Element Wasser umgehen?

Den Wunsch: »Ich will auch Feuerwehrfrau/Feuerwehrmann werden« kann man häufig aus dem Mund eines vier-, fünf- oder sechsjährigen Kindes hören. Leider musste früher hierauf die Antwort folgen: »Geht nicht, Du musst warten bis Du zehn bist« – eine im Sinne des Wortes unvorstellbar lange Zeit für ein Kind in diesem Alter. Das Vertrösten des Kindes hat erfahrungsgemäß in den meisten Fällen nicht zu einem Eintritt prompt am zehnten Geburtstag des Kindes geführt. Sehr viel wahrscheinlicher ist zwischenzeitlich die Begeisterung für einen Sportverein oder sonstige Freizeitaktivitäten aufgekeimt und das Kind hat neue, andere Interessen entwickelt.

Die Zielgruppe der Kindergruppen setzt daher an dem sehr früh entstehenden Wunsch und der einsetzenden Begeisterung für die Feuerwehr an. Der Eintritt in die bestehenden Kindergruppen steht Mädchen und Jungen schon im Alter von sechs Jahren offen. Somit kann die Motivation, die Begeisterung der Kinder unmittelbar aufgegriffen werden und möglicherweise in eine starke Bindung und Identifikation münden, die über die Jugendfeuerwehr bis zur Einsatzabteilung anhält. Die Kindergruppen sind ein regulärer Teil der Freiwilligen Feuerwehr. Bild 2 verdeutlicht, dass die verschiedenen Säulen einzeln und nebeneinander existieren.

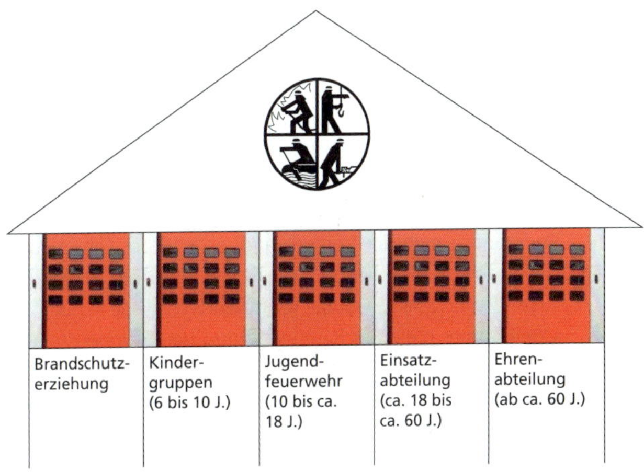

Bild 2: *Die Säulen der Freiwilligen Feuerwehr*

Die Kindergruppe ist inhaltlich völlig anders konzipiert als die Jugendfeuerwehr (vgl. Kapitel 1.1). Daher kann und darf die Ausbildung in der Kindergruppe nicht mit der Ausbildung der Jugendfeuerwehr gleichgesetzt werden und es ist aus diesem Grund nicht empfehlenswert, dass die Betreuung gleichzeitig und zusätzlich durch die Jugendwartinnen und Jugendwarte erfolgt. Schon aufgrund des Altersunterschiedes bestehen zwischen dem Kind und dem heranwachsenden Jugendlichen derart wesentliche Unterschiede, dass diesen inhaltlich, didaktisch und methodisch Rechnung getragen werden muss. Das heißt: Obwohl es einen sinnvollen Aufbau und Zusammenhang von Kindergruppen und Jugendfeuerwehr gibt, so haben dennoch beide ihre eigenen Konzepte. Denn es ist völlig unmöglich, ein so großes Altersspektrum von sechs bis 16 oder sogar 18 Jahren mit ein und derselben Vorgehensweise abzudecken. Viel zu unterschiedlich sind die Bedürfnisse, Interessen, aber auch die körperlichen und geistigen Fähigkeiten.

Zudem steht bei jüngeren Kindern der Aspekt »Spiel und Spaß« noch mehr im Vordergrund; es wird gespielt, getobt, gebastelt und gewerkelt. Erst mit zunehmendem Alter in der Jugendfeuerwehr nimmt die feuerwehrtechnische Ausbildung einen immer breiteren Raum während der Gruppenstunden ein und die Vorbereitung auf die Übernahme in die Einsatzabteilung gewinnt größere Bedeutung. Insofern wird deutlich, dass die Kinder in den Feuerwehren eine eigene Organisationsform neben der Jugendfeuerwehr benötigen. Demzufolge gibt es auch eigene »Grundsätze für die Organisation der Kindergruppen« (vgl. Kapitel 3), die explizit diese eigene Organisation in ihrer Besonderheit festschreiben.

2 Der pädagogische Hintergrund

Pädagogisches Verhalten wird heute üblicherweise von allen Personen erwartet, die mit Kindern umgehen, seien sie hierzu beruflich ausgebildet worden oder ehrenamtlich tätig. Dies beinhaltet vor allem, dass diese Personen besonders vor- und nachsichtig mit den ihnen anvertrauten Kindern sind und diese in allen Situationen einschätzen können, um angemessen mit ihnen umzugehen. Aus diesem Grund soll das folgende Kapitel Betreuenden von Kindergruppen helfen, sich einen Überblick über die Lebensspanne »Kindheit« zu verschaffen. Dies beinhaltet, neben der allgemeinen Lebenswelt von Kindern, vor allem ihre besonderen Bedürfnisse, Fähigkeiten und auch notwendige Anregungen und Erfahrungen, die von Erwachsenen gegeben werden können, um Kinder in ihrer Persönlichkeitsentwicklung zu unterstützen. Die Aufnahme von Kindern in Kindergruppen wird wegen der psychischen und physischen Entwicklung ab der Grundschule empfohlen.

2.1 Die Lebenswelten von Kindern

Unter dem Begriff »Lebenswelt« wird die alltägliche Wirklichkeitserfahrung – oder anders gesagt, die den Menschen umgebende Umwelt verstanden. Damit gemeint sind Familie, Nachbarschaft, das Gemeinwesen, Kindergarten oder Schule sowie bestimmte Gruppen und Freundeskreise.

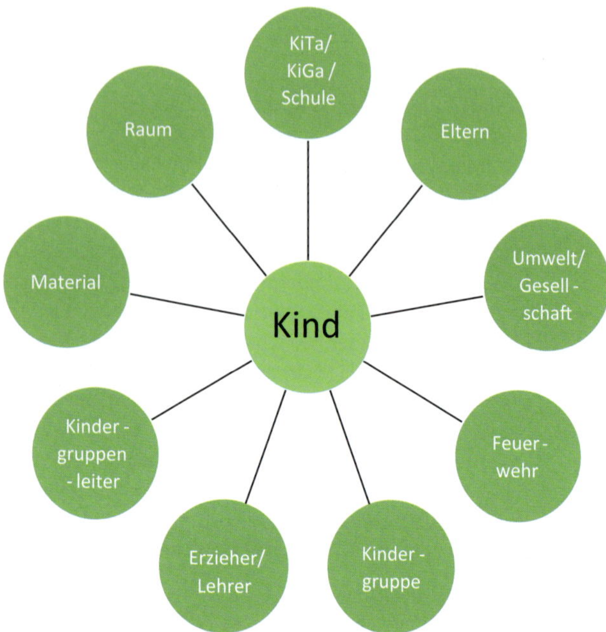

Bild 3:   *Einflussfaktoren aus der Lebenswelt des Kindes (nach Krenz/ Rönisch, 2013)*

Innerhalb dieser Lebenswelt werden gemeinsam die sozialen Regeln, Strukturen und Abläufe sowie die Grundlagen des sozialen Handelns festgelegt. Kinder sammeln in ihren Lebenswelten sehr unterschiedliche Erfahrungen und haben verschiedene Interessen und Probleme. Jedes Kind befindet sich somit in einer anderen Lebenssituation. Diese können zwar naturgemäß sehr ähnlich, aber ebenso auch sehr verschieden voneinander sein. Grundsätzlich stellt beim Eintrittsalter in die Kinderfeuerwehr die Familie das mit Abstand wichtigste Bezugssystem der persönlichen Lebenswelt dar. Nachdem in der Regel innerhalb der Kindertagesstätte erste Erfahrungen mit Erziehungspersonal als Bezugsperson gemacht wurden sowie innerhalb der Peer-group[2] erste Freundschaften möglich waren, stellt der Eintritt in das Schulalter eine große, manchmal auch harte Zäsur dar. Das hat naturgemäß auch eine große Veränderung der Lebenswelt zur Folge, welche besonders zu Beginn der Schulzeit für das Kind oft sehr präsent ist.

Heute Kind zu sein, ist sicherlich nicht einfacher geworden. Warum ist das so? Lebensgemeinschaften, die ursprünglich traditionell gewachsen sind – wie Familie, Nachbarschaft, Verbands- und Vereinszugehörigkeit – scheinen sich kontinuierlich immer weiter zu verändern oder aufzulösen. Dies führt zum Wegbrechen von vormals stabilen Größen, die Halt im Leben geben konnten. Die Gründe dafür ergeben sich aus den Entwicklungen der heutigen Gesellschaft:

- die Veränderung der Struktur des Arbeitslebens mit steigenden Anforderungen an Flexibilität und Mobilität,
- die Ausweitung digitaler Techniken in alle Lebensbereiche hinein,

---

2   Definition nach Schaub/Zenke (2000): »aus dem Englischen übernommene Bezeichnung für eine Gruppe gleichaltriger Kinder oder Jugendlicher. [...] Damit gewinnen (Peer-groups) Bedeutung für die Entwicklung von Selbstbewusstsein, sozialer Identität und Kompetenz.«

- die Veränderungen der räumlichen Umwelt auf unterschiedlichste Weise,
- die zunehmende Monetarisierung (»Geld regiert die Welt«) und Ökonomisierung (»alles muss sich rechnen und lohnen«) sozialer Beziehungen sowie
- die Veränderung der Struktur »Familie« vom traditionellen Bild zu vielfältigeren Formen des Zusammenlebens.

Merke:

Natürlich ist es müßig, in diesem Zusammenhang von den »guten alten Zeiten« zu sprechen. Es ist aber unbestritten, dass leider der grundsätzliche Erwartungsdruck innerhalb der Kinderzeit während der letzten Jahrzehnte zugenommen hat.

Digitale Medien haben längst Einzug in die Kinderzimmer gehalten: Ein eigener Fernseher, Smartphone, Tablet und/oder Personal-Computer sind keine Seltenheit mehr, sondern eher die Regel. Medien beeinflussen das Leben von Kindern immens (in den Bereichen Interaktion, Freizeitgestaltung, Wissensaneignung und Bildung), da sie bereits zum Alltag und Teil ihres Lebens geworden sind. Daraus folgt, dass Medien stets einen großen Stellenwert bei Kindern haben werden. Es ergibt daher Sinn, die aktuell für die Kinder bedeutsamen Themen diesbezüglich aufzugreifen und zu besprechen. Wichtig ist es jedoch auch, dass diesen »medialen Ereignissen« stets auch »reale Erfahrungen« entgegengesetzt werden, so dass Kindern die Möglichkeit gegeben wird, vielfältige Eindrücke zu sammeln.

Es gibt somit vielerlei Einflussfaktoren, die innerhalb der heutigen Lebenswelten auf Kinder einwirken. Das Wissen um diese Faktoren ist daher von Bedeutung für die Leitung von Kindergruppen in der Feuerwehr: Wer diese Größen kennt, der kann auch den anvertrauten Kindern helfen, mit diesen Themen umzugehen. Ebenso kann sich die Betreuungsperson besser in die Lage der Kinder hineinversetzen, wodurch das Verhalten der Kinder für den Erwachsenen besser nachvollziehbar wird.

2.2   Die Besonderheiten, Bedürfnisse und Fähigkeiten des Kindes

»Kinder sind meistens neugierig und interessiert an neuen Erfahrungen. Sie wollen lernen und sich neues Wissen aneignen. Kinder sind kleine Forscher und stellen viele Fragen zu den Dingen und Zusammenhängen der Welt. Kinder brauchen allerdings immer wieder Hinweise und Impulse, damit sie zum Lernen aufgefordert und in den Lernprozess hineingebracht werden«
(Günther 2006, S. 12 f.).

Dieses Zitat verdeutlicht, dass für die Betreuung einer Kindergruppe in der Feuerwehr Kenntnisse der altersspezifischen Fähigkeiten und Eigenschaften der Kinder berücksichtigt werden müssen, um optimal und altersentsprechend auf die Kinder zugehen zu können.

Psychische und physische Entwicklung von Kindern (Entwicklungsstufen)

Die Entwicklung des Menschen lässt sich in verschiedene Entwicklungsstufen einteilen. Zum Verständnis, wie Kinder ab dem Erreichen des sechsten Lebensjahres denken, empfinden und handeln, sind die entsprechenden Vorentwicklungsstufen zu berücksichtigen. Verlaufsform und Geschwindigkeit sind von Kind zu Kind verschieden und beim Einzelnen entwickeln sich Intelligenz, Sprache und Sozialverhalten jeweils unterschiedlich. Entwicklung bedeutet in diesem Zusammenhang nicht nur quantitative (also zählbare), sondern auch qualitative Veränderung (z. B. Sprachentwicklung und Motorik) (Metzinger, 2011, S. 8 f.).

Obwohl sich die Kinder in derselben Entwicklungsphase befinden, kann es durchaus zu vermehrten Entwicklungsunterschieden kommen. Die meisten Entwicklungsverläufe zeigen am Anfang einen raschen Anstieg der persönlichen Fähigkeiten, der dann aber immer langsamer wird. Üblicherweise wird in der Entwicklungspsychologie die folgende Einteilung vorgenommen (Metzinger, 2011, S. 14):

- Säuglingsalter (Geburt bis Abschluss erstes Lebensjahr),
- Kleinkindalter (zweites bis drittes Lebensjahr),
- Vorschulalter (drittes bis zum Abschluss des sechsten Lebensjahrs),
- jüngeres Schulalter (siebtes bis elftes bzw. zwölftes Lebensjahr),
- mittleres Schulalter (zwölftes bis Abschluss des 15. Lebensjahrs)
- und Jugendalter (15. bis 18. Lebensjahr).

Die Kinder in der Feuerwehr befinden sich somit im jüngeren Schulalter und noch im mittleren Bereich ihrer psychischen und physischen Entwicklung.

2.2.1 Entwicklungsstufe der sechs- bis achtjährigen Kinder

Denken

Das Kind ist noch nicht in der Lage, wie ein Erwachsener zu denken, da sich die Denkstrukturen erst langsam entwickeln. Kinder gelangen allgemein zu Erkenntnissen, indem sie analysieren, schlussfolgern, umstrukturieren, verknüpfen, vorstellen und wahrnehmen; hierdurch setzen sie sich aktiv mit ihrer Umwelt auseinander (Metzinger, 2011, S. 48). Das Denken bei Kindern steuert und »kommandiert« die Motorik, es beeinflusst die Sprache. Dazu baut es die Gedächtnisleitung auf und steuert das Erinnerungsvermögen im Allgemeinen. Das Denken lenkt die Wahrnehmung und bestimmt das Sozialverhalten des Kindes (Metzinger, 2011, S. 48). Des Weiteren regelt das Denken den Umgang mit Gefühlen und Bedürfnissen. Kinder stillen diese Bedürfnisse innerhalb ihrer Lebenswelten. Zu diesen Bedürfnissen gehören

- Liebe und Geborgenheit,
- Lob und Anerkennung,
- Selbstständigkeit und Verantwortung,
- Zusammengehörigkeit und Beziehung.

Diese Bedürfnisse sind grundlegend für die Entwicklungsaufgaben (Lernfelder), die das Kind in dieser Lebensphase durchläuft (Müller/Ehlen, 2011, S. II-2.2-1).

Ab dem sechsten Lebensjahr vollzieht sich beim Kind eine Veränderung der Denkstrukturen, dabei geschieht der Übergang vom situativen zum empirischen Denken[3]. Dies bedeutet, dass das Ausprobieren und die damit verbundene sinnliche Erfahrung zur Grundlage wird, also ganz im Sinne des Wortes »erfahrungsgemäß«, was somit eine wesentlich höhere Komplexität im Denkprozess mit sich bringt. Kinder entwickeln in dieser Altersstufe ein aktives und bewusstes Erinnerungsvermögen. Die Beziehung zur Vergangenheit und den dort gemachten Erfahrungen kann jetzt in das eigene Verhalten einbezogen werden. Das Kind richtet sich zudem nach einfachen ethischen Werten und Normen (»Man soll nicht lügen.«) aus (DJF, 2011, S. 28). Das kindliche Denken bestimmt sich durch eigene Wünsche, Antriebe, Bedürfnisse und Gefühle. Das Kind nimmt sich selbst aus dem Ich-Standpunkt wahr, was bedeutet, alle seine Handlungen und Äußerungen sind Ich-bezogen. Dabei löst sich das Kind von vorgegebenen Denkstrukturen (von Eltern, Freunden) und entwickelt selbstständig eigene Denktheorien. In dieser Altersstufe vollzieht sich der Übergang vom sogenannten magischen (»Natürlich gibt es den Weihnachtsmann«) und vermenschlichten (»Das Feuerwehrauto möchte beim Löschen helfen«) zum konkret-logischen Denken, was bedeutet, Ursache und Wirkung in Beziehung setzen zu können.

---

3   Begriffsdefinition: Vom Erprobten und Erfahrungsgemäßen.

Wahrnehmung und Konzentration

In der Altersgruppe der Sechs- bis Achtjährigen ist das Nervensystem (insbesondere Sehen, Hören und das Reaktionsvermögen) noch nicht voll ausgeprägt. So besitzen Kinder dieser Altersstufe ein um 30 % kleineres seitliches Gesichtsfeld gegenüber Erwachsenen. Das räumliche Sehen ist ebenfalls noch nicht voll ausgeprägt, so dass jüngere Kinder große Gegenstände näher wahrnehmen als kleinere. Kinder können in dieser Entwicklungsstufe nur erschwert selbstständig am Straßenverkehr teilnehmen, da sie Geschwindigkeiten und Reaktionen anderer Verkehrsteilnehmer nicht adäquat abschätzen können. Erhöhtes Gefahrenpotenzial droht unter Umständen auch dadurch, dass Kinder noch keine Entfernungen einschätzen können und keine ausreichenden Erfahrungen mit Höhen und Tiefen im räumlichen Sinn haben.

Auch das Hörvermögen ist bei Kindern noch im Entwicklungsstadium. Bis zum achten Lebensjahr geschieht eine Geräuschlokalisation im Winkel von 30 Grad, dies bedeutet für das Kind, dass es unter Umständen Geräusche von hinten oder der Seite fehldeutet oder gar überhört. Gleichzeitig ist das Kind nicht nur durch sein Hörvermögen eingeschränkt, sondern auch durch die Tatsache, dass Kinder gleichzeitig nur einen Sachverhalt konzentriert verfolgen können.

Insgesamt folgt die Aufmerksamkeit dem stärksten Reiz. Grundsätzlich kann man aber davon ausgehen, dass die Fähigkeit bei Kindern, sich konzentrieren zu können, nicht immer und in konstanter Ausprägung vorhanden ist (vgl. Kapitel 2.3). Vielmehr hängt die Fähigkeit, die ganze Aufmerksamkeit auf eine bestimme Sache bzw. Situation zu lenken, von verschiedenen Parametern ab. So kann zum Beispiel eine Sache, die das

Kind besonders interessiert, eher seine Aufmerksamkeit erlangen als eine langweilige Pflichtaufgabe, deren Sinn es zudem nicht einmal einsehen will und kann. Hierbei haben wissenschaftliche Untersuchungen aufgezeigt, dass die Zeitspanne, in der Kinder ihre Aufmerksamkeit voll ausrichten können, ohnehin recht gering ist.

Tabelle 2: *Dauer der Konzentration von Kindern (Krenz/Rönisch, 2013)*

Kinder im Alter von	Dauer der Konzentration im Durchschnitt
5 bis 7 Jahren	bis ca. 15 Minuten
7 bis 10 Jahren	bis ca. 20 Minuten
10 bis 12 Jahren	bis ca. 25 Minuten
12 bis 16 Jahren	bis ca. 30 Minuten

Aufgrund dessen kann davon ausgegangen werden, dass je jünger die Kinder sind, desto häufiger müssen kurze (Bewegungs-)Pausen eingefügt werden (Bildungsplan Grundschule BW, S. 112). Kennzeichnend für das frühe Schulkindalter ist eine ausgeprägte Lebendigkeit bzw. Mobilität im Bewegungshandeln, dabei steht der Drang nach Erkundung und Erprobung im Vordergrund, dem auch mit Bewegung und Sport Rechnung getragen werden sollte. Weiterhin kann die Stimmungslage eines Kindes den entscheidenden Ausschlag für seine Konzentrationsfähigkeit geben. Auch kann sich das spezifische Können eines Kindes auf dessen Konzentrationsfähigkeit fördernd auswirken. Ständig auf Schwierigkeiten zu stoßen, kann hingegen ein mangelndes Konzentrationsvermögen zur Folge haben (vgl. Puzzle spielen). Nicht zuletzt ist es die entsprechende Umgebung des Kindes, die seine Aufmerksamkeit stark beeinflusst.

Körperliche und motorische Entwicklung

Grundlegend gewinnen die Entwicklung der Bewegungsfähigkeit und die Bewegung im Allgemeinen an Bedeutung, denn Bewegung ist für das Kind eines der wichtigsten und nötigsten Bedürfnisse. Werden dem Kind die Möglichkeiten zur Bewegung und zu motorischen Experimenten genommen oder eingeschränkt, so fehlen ihm gleichzeitig wesentliche Entfaltungsmöglichkeiten zum Selbstständig-Werden und zur Selbstverwirklichung. Durch ein ausreichendes Bewegungsspektrum ergeben sich für das Kind neue Möglichkeiten zur aktiven Auseinandersetzung und zur Erfahrungsbildung mit und durch die Umwelt. Wesentlich werden durch die Motorik die eigene Umwelt und der persönliche Erfahrungsraum durch das Kind neu erfahren und begriffen (Metzinger, 2011, S. 26).

Durch die verbesserte Feinmotorik lassen sich kreative Methoden und Techniken zur freien Gestaltung wie zum Beispiel Zeichnen und Basteln bzw. die Arbeit mit Werkzeugen ausweiten. In dieser Altersstufe erlernen Kinder sehr schnell neue Bewegungsabläufe. Dies hat auch damit zu tun, dass sie in der Lage sind, die körperliche Balance zu halten. Auch wird der Bewegungsablauf gezielter und motorisch genauer, sodass Kinder nun ihre Bewegungen bewusst steuern können. Man kann davon ausgehen, dass vielseitige Bewegungserfahrungen die motorische Entwicklung und Leistungsfähigkeit fördern. Und es kann weiter davon ausgegangen werden, dass eine verminderte Bewegungsaktivität auch zu einer schlechteren motorischen Entwicklung und somit eingeschränkten Leistungsfähigkeit führt (Pieper, 2010, S. 27).

Sprache

Sehr stark ist das Sprechen des Kindes von dessen Umwelt und den sprachlichen Vorbildern abhängig. Demnach lassen sich die einzelnen Phasen der Sprachentwicklung nur schwer bestimmen. Die sprachliche Entwicklung hängt nicht zuletzt davon ab, in welchem sozialen und kulturellen Umfeld das Kind aufwächst und in welcher Art und Weise bzw. welchem Umfang das Kind »angesprochen« wird (Bildungsplan Grundschule BW, S. 42). Das heißt, ob und welche Ansprechpartner das Kind in seiner sozialen Umgebung begleiten und wie diese mit dem Kind sprechen. Die Altersangaben über Beginn und Abschluss der jeweiligen sprachlichen Entwicklungsphasen können nur grobe Anhaltspunkte sein. Hinzu kommt die Tatsache, dass jedes Kind auf seine eigene Art und in seinem eigenen Tempo Sprache erlernt. Wenn sich bei einem Kind demnach eine Entwicklungsstufe verzögert, bedeutet dies noch lange nicht, dass dieses Kind eine Sprachstörung haben muss (Metzinger, 2011, S. 37).

Bei der Betreuung von Kindern sollten die Erwachsenen in ihrem Umfeld bemüht sein, grammatikalisch einwandfrei zu sprechen und einen reichen Wortschatz anzuwenden. Es wäre kontraproduktiv, sich der Sprache des Kindes anzupassen und eine verniedlichende Kindersprache zu verwenden. In ihrer sprachlichen Entwicklung zeigen Kinder sehr häufig das Phänomen des Fragenstellens (Warum-Fragen). Aus diesem Grund sollten sich Erwachsene bemühen, möglichst alle Fragen des Kindes aufzugreifen und verständlich zu beantworten – auch wenn es schwerfällt (Metzinger, 2011, S. 42).

In der Zeitspanne von vier bis fünf Jahren erwirbt das Kind die Fähigkeit des Satzaufbaus. Alle Wortarten sind dem Kind bekannt und werden dazu in grammatikalisch richtiger Form verwendet. Gedankengänge können variierend strukturiert und Geschichten nacherzählt werden. Dieser Prozess setzt sich bis ins Schulalter fort. Bereits im sechsten bis siebten Lebensjahr wird die Variationsbreite in der Satzbildung noch größer und es werden dazu neue Wortbedeutungen erworben. Der Wortschatz umfasst nun circa 3.000 Wörter. Im sechsten Lebensjahr gelingt es dem Kind normalerweise, grammatikalisch richtig zu sprechen. Dennoch ist der Ausbau der Sprache mit dem Beginn der Schulzeit noch lange nicht abgeschlossen (Metzinger, 2011, S. 44).

Im Besonderen ist der Erwerb der Schriftsprache mit dem Eintritt in die Schule von Bedeutung. Ab diesem Zeitpunkt können Begriffe erstmalig nach Merkmalen bestimmt werden. Im Vorschulalter waren der Zweck und die Verwendung von Objekten ausschlaggebend für deren Bestimmung. Zum Ende der Grundschulzeit erfolgt dann sprachlich eine Einordnung von Begriffen in Kategorien (DJF, 2011, S. 28).

Sozialverhalten

Für die Ausbildung eines ausgeprägten Sozialverhaltens sind diejenigen Personen besonders wichtig, die im sozialen Umfeld des Kindes Erziehungsarbeit leisten. Unter diesem Einflussfaktor entstehen soziale Beziehungen, besonders im Bereich des Erziehungs- und Bildungsprozesses. Bei der sozialen Entwicklung von Kindern geht es um den Erwerb von Fähig- und Fertigkeiten, wie zum Beispiel

- Kontakt- und Kommunikationsfähigkeit,
- Kooperation,
- soziale Sensibilität (Empathie),
- Umgang mit Regeln, Konfliktfähigkeit und -verarbeitung,
- Gruppenfähigkeit,
- Übernahme verschiedener Rollen und Solidarität.

Wichtig ist die Erkenntnis, dass soziales Verhalten nicht angeboren wird, sondern im Laufe der Entwicklung erlernt werden muss und sich an Situationen orientiert, in denen erwachsene Menschen selbst ein ähnliches Problem bewältigt haben (Metzinger, 2011, S. 59). Diese Erkenntnis verdeutlicht in großem Maße, wie bedeutsam es ist, sich in der Betreuerrolle stets der eigenen Vorbildfunktion bewusst zu sein. In dieser Lebensphase gelingt dem Kind zunehmend der Vergleich zwischen Selbstbild (wie sehe ich mich?) und Fremdbild (wie nehmen mich andere wahr?). Dazu erwirbt das Kind Gütemaßstäbe für soziales Verhalten und für Leistungsfähigkeit. Dieses Alter ist geprägt durch die zunehmende Bedeutung für die Selbstbewertung und die Entwicklung des Selbstkonzeptes (DJF, 2011, S. 29).

Demzufolge spielen Kinder in dieser Altersgruppe nicht mehr allein, sondern vermehrt mit anderen Kindern (Konstruktionsspiele, Tischspiele, Rollenspiele). Insgesamt wirkt das kindliche Spiel organisierter und zielgerichteter, es handelt sich hierbei nun um ein sogenanntes kooperatives Spiel, das sich über längere Spielzeiträume erstrecken kann und in dem Freunde zunehmend an Bedeutung gewinnen. Auch der Begriff »Freund« wird für die Kinder nun verständlich in seiner eigentlichen Definition. Dabei sind die geschlossenen Freundschaften noch nicht auf längere Zeit ausgelegt, sondern lösen sich schnell wieder. Sie scheinen für die Kinder als Übungsfeld für das Ausprobieren unterschiedlicher sozialer Verhaltensweisen zu dienen (Metzinger, 2011, S. 61 f.). Kinder benötigen in dieser Phase Freunde, um sich spielerisch erproben zu können.

2.2.2 Entwicklungsstufe der neun- bis elfjährigen Kinder

Denken

Ein weiterer Übergang vollzieht sich im Bereich des Denkens vom empirischen (Phänomene beobachtend) zum theoretischen (abstrakten) Denken, so dass sich die Wahrnehmung und das Denken von der konkreten Anschauungsgrundlage lösen (DJF, 2011, S. 29). In dieser Entwicklungsstufe beginnt das Kind, gleichzeitig mehrere Aspekte einer Situation zu erkennen und im Zusammenhang zu betrachten (z. B. den Zusammenhang von Ursache und Wirkung bei Unfallmechanismen). Das Kind verfügt bereits über wichtige Denkoperationen, wie zum Beispiel Addition, Subtraktion von Mengen, Kategorisierung von Mengen und Teilmengenbildung (Metzinger, 2011, S. 54). Dies bedeutet für die Übungsstunden, dass die gestellten Aufgaben und Anforderungen an die Kinder behutsam gesteigert werden können.

In dieser Entwicklungsstufe differenziert das Kind zunehmend und ist in der Lage, Vorgänge und ihre Ursache zu erkennen und herzuleiten. Auch der magische Denkprozess verliert sich in dieser Altersphase zusehends. Gleichzeitig stellen Kinder Fragen, um sich kausale Zusammenhänge zu erklären. Kinder fragen gezielt nach und erwarten eine ihnen logische Antwort.

Wahrnehmung und Konzentration

Das Sehen verändert sich in dieser Altersgruppe massiv, denn erst ab dem neunten Lebensjahr können Kinder Entfernungen und Größen abschätzen und beurteilen. Im Straßenverkehr fällt es Kindern zunehmend leichter, Geschwindigkeit und Entfernung von herannahenden Fahrzeugen einzuschätzen. Jetzt nimmt die Wahrnehmung von Entfernung, Höhe und Geschwindigkeit zu, das Kind lernt einen realen Bezugspunkt zu setzen und dadurch Gefahrenpotenziale zu erkennen und diese im Rahmen seiner Handlungsfähigkeit zu vermeiden.

Die Wahrnehmung in der Altersgruppe der neun- bis elfjährigen Kinder verfestigt sich zunehmend. Gleichzeitig verändert sich die Hörfähigkeit, das Gehör entwickelt sich weiter und Kinder können gezielter Geräusche filtern und diesen folgen. Hieraus resultiert, dass dies die richtige Phase für die praktischen Inhalte der Verkehrserziehung ist.

Die Leistung der Konzentrationsfähigkeit nimmt im Laufe dieser Altersgruppe zu. So können sich Kinder der zweiten und dritten Klasse besser und länger konzentrieren als Kinder in der ersten Klasse. Obwohl der Bewegungsdrang der Kinder immer noch sehr ausgeprägt ist, können sie rational erfassen, wenn eine längere Konzentrations- bzw. Ruhephase von ihnen verlangt wird. Es zeigt sich zudem, dass der Gleichgewichtssinn und die Bewegungskoordination, die Geschicklichkeit und auch die rhythmische Bewegungsfähigkeit gegen Ende des Vorschulalters bereits gut ausgebildet sind. Im Kindesalter werden diese Fähigkeiten nicht nur weiterentwickelt, zunehmend spielen hierbei auch Faktoren wie Erfolg und soziale Auseinandersetzung eine wichtige Rolle (Familienhandbuch des Staatsinstitut für Frühpädagogik, 2004, S. 8).

Körperliche und motorische Entwicklung

Im Alter von neun bis elf Jahren entwickeln sich die motorischen Fähigkeiten stark weiter und prägen sich zunehmend aus. Bedingt wird dies vor allem auch durch die körperliche Entwicklung. In dieser Alterspanne setzt ein sogenannter zweiter »Gestaltwandel«[4] ein, bei dem das Körperwachstum »in die Länge« dominiert (DJF, 2011, S. 29). Es ist jedoch insgesamt sehr schwierig, über eine einzugrenzende motorische Entwicklung der Neun- bis Elfjährigen zu sprechen, da besonders hier die individuellen Unterschiede immer größer werden. Beispielsweise können Ausprägungen im motorischen und sozialen Verhalten bei Kindern, die viel und lange Zeit am Computer verbringen, eingeschränkt sein, wenn nicht ein Bewegungsausgleich durch Spiel und Sport mit anderen Kindern stattfindet. Im Hinblick auf die physischen Voraussetzungen gibt es Unterschiede in der motorischen Entwicklung, die vor allem das Alter und die Geschlechter betreffen. Jedoch nicht nur die motorischen Fähigkeiten entwickeln sich

---

4   Erklärung: Erster Gestaltwandel setzt im Vorschulalter ein (Veränderung der Körperproportionen).

in dieser Altersgruppe weiter, es können auch fertigkeits-
bezogene Veränderungen beobachtet werden. So verbessern
sich die Bewegungsformen wie Springen, Laufen und Werfen
in dieser Altersphase deutlich (Pieper, 2010, S. 25).

Sprache

Sprache wird naturgemäß in der individuellen Umgebung
erworben. Dies führt aufgrund der Verschiedenheit der möglichen Umgebungen zu großen persönlichen Unterschieden
hinsichtlich der sprachlichen Entwicklung und somit auch der
Ausprägung der eigenen Sprache. Dies kann leicht zu dem
Missverständnis führen, direkt von der Art der Sprache auf die
persönliche Intelligenz zu schließen. Dies muss natürlich nicht
zwingend falsch sein, ist aber ganz sicher auch nicht immer
richtig. Ebenso ist es aufgrund der so verschiedenen Ausprägungen der individuellen Sprache äußerst schwierig, zwischen
Eigenheiten und echten Defiziten zu unterscheiden. Hier empfiehlt sich, bei Bedarf Rücksprache mit den Erziehungsberechtigten und ggf. den Lehrkräften in der Schule zu halten
(Metzinger, 2011, S. 44 ff.).

Sozialverhalten

In dieser Altersstufe entwickeln Kinder ein selbstständiges
Verhalten. Sie beginnen sich von Personen und Normen, die
ihnen in ihren sozialen Beziehungen vorgelebt wurden, zu
lösen und ihre Welt nun selbst zu entdecken. Dabei stellen die
Kinder erste Verhaltensweisen und Beziehungen in Frage. Sie
sind auf Führung und Lenkung durch Erwachsene angewiesen,
um ihren Entdeckerdrang auch im Bereich der sozialen Verhaltensweisen auszuleben. Indes zeigen sie in dieser Alters-

gruppe vermehrt das Interesse an den Verhaltensweisen Gleichaltriger oder Älterer, diese werden dann beurteilt und gewertet. Im Gegensatz zu einem pubertierenden Jugendlichen gelingt es aber dem Kind noch nicht, sich abzugrenzen, sondern es verfügt über andere Lösungsansätze, um soziales Verhalten zu beurteilen und selbstständig umzusetzen. Aus diesem Grund ist die Vorbildfunktion von Erwachsenen für Kinder hierbei äußerst wichtig, da sie sich an ihnen orientieren können und müssen, ohne sie wie in den vorherigen Entwicklungsstufen nachzuahmen.

In diesem Prozess gewinnt die Lösung vom Elternhaus und die damit verbundene gleichaltrige Gruppe an Bedeutung. Hier bilden sich bereits die ersten Peer-groups bei Kindern. Moralische Wertstandards werden nun erworben und Einstellungen zu Institutionen und sozialen Gruppen entwickelt. Die Geschlechtertrennung, d. h. die Beschränkung des Freundeskreises auf gleichgeschlechtliche Freunde bzw. Freundinnen wird nun langsam aufgehoben, dazu kommt das Erlernen und Einüben von angemessenem (bzw. als angemessen empfundenem) männlichen und weiblichen Rollenverhalten (DJF, 2011, S. 29).

Die soziale Entwicklung im Vor- und Grundschulalter ist durch eine Reihe von neuen Verhaltensmomenten gekennzeichnet. Das Kind geht neue Beziehungen mit seinen Klassenmitgliedern und mit anderen Kindern in Vereinen und Organisationen ein. Dabei verlässt es den engeren Rahmen der häuslichen Familie. Durch die nun häufigen Kontakte mit Gleichaltrigen entstehen längere Freundschaften, die eine bestimmte Rollenverteilung (Anführer, Mitläufer, Außenseiter) und sogar Untergruppen herausbilden. Das Kind bemüht sich, in der Klasse oder sozialen Gruppe eine bestimmte Position zu erlangen, um Anerkennung und Achtung zu gewinnen (»Klassenkasper«, »Everybody´s Darling«, »Streber« etc.) (Metzinger, 2011, S.65).

2.3   Lernprinzipien: Wie Kinder lernen

Der Begriff »Lernen« bezeichnet »das Aufnehmen, die Entwicklung, Ausbildung und Verbesserung einzelner Verhaltensweisen, Verhaltensmöglichkeiten und Fertigkeiten [...]. Kenntnisse werden erworben und angewendet.«(Thiesen, 1999). Lernen bedeutet daher auch, sich für die Bewältigung von Leben und Lebenssituationen zu qualifizieren. Den Vorgang »Lernen« selbst kann man nicht sehen, er ist nicht beobachtbar. Allerdings lassen bestimmte Verhaltensweisen auf ein stattgefundenes Lernen schließen, so dass der Lernerfolg durchaus zu erkennen und ggf. überprüfbar ist.

Besonders das Lernen in der Kleingruppe ermöglicht neue soziale Kontakte, Beziehungen, soziale Erfahrungen und emotionale Bindungen zu Gleichaltrigen ebenso wie zu Erwachsenen, die in den vorangegangenen Absätzen bereits als wichtige Bestandteile und Ziele der Kindergruppen in der Feuerwehr festgeschrieben wurden. Innerhalb der Gruppe können Kinder Vertrauen zu anderen Personen gewinnen. Auch die Bereitschaft zum gegenseitigen Helfen kann so in frühen Jahren innerhalb der Gruppe am besten gefördert werden, denn soziale Kompetenzen zu erlernen, ist ein wichtiger Baustein in der Kinderfeuerwehr. Das Lernen in kleinen heterogenen Gruppen von sechs bis acht Kindern hat sich in der praktischen Arbeit mit Kindern immer wieder als geeignet erwiesen. Kinder lernen sehr früh und sehr schnell von anderen Kindern, manchmal schneller als von Erwachsenen.

Ganzheitliches Lernen

»Das Lernfeld des Kindes ist komplexer Natur. Sein Erleben vollzieht sich ganzheitlich, d. h. kognitive, emotionale, psychomotorische und kreative Kräfte werden zugleich angesprochen.« *(Thiesen, 1999)*

Während der Gruppenstunden sollen den Kindern Erlebnis- und Handlungsangebote vermittelt werden. Dabei muss auf die Wünsche und Gefühle der Kinder sowie auf ihr Bedürfnis nach Aktivität geachtet werden. Mit gezielten Angeboten und geplanten Aktivitäten kann die Betreuungsperson den Kindern in ihrem Verstehen- und Begreifenlernen helfen. Daraus lässt sich schließen, dass die Beschäftigungen an den Bedürfnissen der Kinder und ihrer Ganzheit orientiert sein müssen.

In diesem Alter lernen Kinder sehr personengebunden, was bedeutet, dass Betreuende durch ihr Verhalten einen großen Einfluss auf das Lernen haben. Um diese Tatsache sinnvoll und konstruktiv zu nutzen, sollten die Betreuungspersonen einen demokratisch-partnerschaftlichen Erziehungsstil pflegen. Dieser bezieht die Kinder in die Planung ein, ihre Ideen werden soweit wie möglich aufgegriffen, wechselseitige Gespräche werden angeregt und die Absichten des Betreuerhandelns werden sichtbar.

Lernvorgänge können durch Spannungsanreize in Gang gebracht werden (z. B. Neugierde wecken auf das kommende Angebot, indem der Inhalt umschrieben oder ein passender Gegenstand dazu mitgebracht wird). Somit sind die Kinder motiviert und freuen sich auf das Bevorstehende. Die Schwerpunkte und Lernschritte der jeweiligen Gruppenstunden sollen in einer durchschaubaren Reihenfolge angeordnet sein. Ein gemeinsamer Abschluss rundet die Aktivität ab und lässt das erarbeitete Wissen wiederholen und vertiefen. Zudem motivieren ein guter Ausklang und der Ausblick auf das nächste Treffen die Kinder für die Mitarbeit während der Gruppenstunden (vgl. Kapitel 5).

Unterstützende Lernprinzipien:
Wenn Lernprozesse von Kindern unterstützt werden sollen, dann ist es notwendig, bestimmte Lernprinzipien zu kennen und diese bei der Planung der Gruppenstunden zu berücksichtigen.

Anschauung
»Unter Anschauung versteht man die auf Sinneswahrnehmung beruhende Aufnahme der Wirklichkeit.« (Zeissner 1996)

Dies bedeutet, dass das Lernen über alle Sinne erfolgt. Je mehr Sinne gleichzeitig angesprochen werden, desto ganzheitlicher, einprägender und somit letztendlich erfolgreicher ist das Lernen.

Ein Beispiel für die Unterstützung durch Anschaulichkeit kann die Anwendung von (Vor)lesen und Betrachten von Bilderbüchern, das Singen von Liedern (ggf. mit zeitgleichem Bewegungsspiel), das Erstellen von Schaubildern, das Ansehen eines Films und das Betrachten von Fotos sein, um somit für einen bestimmten Sachverhalt oder ein Phänomen möglichst viele Zugänge zu schaffen.

Aktivität

Das Aktivitätsprinzip meint das Lernen durch eigenes Handeln. Wenn den Kindern Raum zur Selbstbetätigung gegeben wird, können sie Interesse mobilisieren und werden zum Handeln herausgefordert, was zur vertieften Auseinandersetzung mit dem Thema führt. Das natürliche Neugier- und Frageverhalten der Kinder ist die Grundlage des Aktivitätsprinzips.

Folgendes Beispiel erläutert, warum das aktiv Erlebte eine nachhaltige Einwirkung auf den Lernerfolg bei Kindern ausübt: Die Funktionsweise und der Umgang mit einem Strahlrohr können theoretisch erklärt werden. Vielleicht verstehen die Kinder auch ungefähr, was gemeint ist. Aber die konkreten Erfahrungen, die den sachgemäßen Umgang mit dem Strahlrohr vermitteln und durch die das Kind ein Gefühl für den Gegenstand bekommt, können nicht mit Worten geschaffen werden. Dazu muss das Kind das Strahlrohr (höchstens Größe D) selbst in der Hand gehalten und bedient haben. Es muss es ertasten, damit experimentieren, es muss die Wirkung auf seinen Körper bei unterschiedlichem Wasserdruck fühlen – das »Begreifen« darf an diesem Zusammenhang sehr wörtlich verstanden werden. Nur so kann sich das Kind den Gegenstand ganzheitlich durch das praktische Handeln erschließen und verinnerlichen. Deshalb sollen Kinder so oft wie möglich aktiv mit einbezogen werden und selbsttätig sein.

Übung

»Lernen heißt üben. Es ist das willentliche Wiederholen geistiger und körperlicher Tätigkeiten, um sie zu erlernen« (Thiesen 1999).

Durch Übung werden Fähigkeiten und Fertigkeiten gefestigt und eingeprägt. Einzelne Entwicklungsfortschritte werden durch Vormachen, Wiederholen und Selbermachen verinnerlicht. Dabei ist zu beachten, dass die zu vermittelnden Inhalte immer vom Leichten zum Schweren, vom Einfachen zum Komplexen aufgebaut sein sollten, um den Lernprozess zu fördern. An folgendem Beispiel lässt sich erkennen, wie wichtig das regelmäßige Üben für die Kinder ist:

Beispiel »Sicheres Auswerfen eines D-Schlauches«: die Betreuungsperson zeigt den Kindern, wie ein D-Schlauch richtig ausgeworfen wird und welche unfallverhütenden Maßnahmen dabei beachtet werden müssen. Anschließend wiederholt sie es noch einmal. Danach darf jedes Kind selbst probieren. Die Betreuungsperson beobachtet und gibt, wenn notwendig, Hilfestellung und Tipps. Vom Leichten zum Schweren kann hier bedeuten, dass möglichst einfach begonnen wird (z. B. Schlauch der Kübelspritze) und natürlich auch Hilfestellung beim Ausrollen sinnvoll sein kann. Die Kinder werden selbst aktiv und probieren, was passiert, wenn man den Schlauch in seinen Händen hält und auswirft (vgl. »Aktivität«). Durch mehrmaliges Üben festigt sich der Bewegungsablauf, wird abgespeichert und ist nach einiger Zeit routiniert aus dem Gedächtnis abrufbar. Wenn ein Kind diese Übung nur ein- bis zweimal durchführt, so sind die Abläufe noch nicht verinnerlicht.

Teilschritte

Wenn die Betreuungsperson die Lerneinheit in mehrere überschaubare Teilschritte strukturiert, stellen sich bei den Kindern schneller Lernerfolge ein. Die Untergliederung in einzelne Segmente erleichtert die Merkfähigkeit und ggf. die Durchführbarkeit. Wenn ein Teilschritt erfolgreich abgeschlossen wurde, sollen die Kinder gelobt werden, was wiederum die Motivation auf die folgenden Schritte erhöht. Kinder, die Lernschwierigkeiten haben oder die sich nicht über die gesamte Dauer des Angebots konzentrieren können, erfahren somit, dass auch sie Erfolg haben können.

Ein Beispiel aus der Brandschutzerziehung verdeutlicht, dass Teilschritte eine nachhaltige Verinnerlichung des Erlernten bedingen: Zunächst wird das sichere Entzünden einer Kerze erlernt, welches selbst ggf. in die Teilschritte: Sicherer Griff des Streichholzes – Entzünden des Streichholzes – Entzünden der Kerze – Ablöschen des Streichholzes zerlegt werden kann. Erst wenn dieser Vorgang sicher beherrscht wird, ergibt es Sinn, die Komplexität zu erhöhen und verschiedene Stoffe zur Testung ihrer Brenneigenschaften zu entzünden.

Lebensnähe

Unter Lebensnähe wird der Erfahrungshorizont, die Eigenwelt des Kindes verstanden (vgl. Kapitel 2.1). Den Kindern sollen Erfahrungen mit ihrer Umwelt ermöglicht werden. Dabei wird vom Nahen zum Fernen und vom Bekannten zum Unbekannten vorgegangen. Aktuelle Anlässe im Umfeld der Kinder zählen auch zu ihrer Lebensnähe.

Die Kinder, die beispielsweise die Fahrzeuge der örtlichen Feuerwehr bereits kennen, können anschließend auch die

Autos der Nachbarwehr kennenlernen. Ein Sturm am Vortag mit umgestürzten Bäumen bietet Anlass für eine Gruppenstunde mit dem Thema »Technische Hilfeleistungen bei der Feuerwehr«. Und natürlich kann auch der Kontakt zu bekannten »echten« Angehörigen der Feuerwehr (über das Betreuerteam hinaus) äußerst gewinnbringend und motivierend sein.

Kindgemäßes Lernen
»Kindgemäßes Lernen bedeutet spielendes Lernen«
(Thiesen 1999).

Wenn Gruppenstunden kindgemäß geplant werden, dann müssen die alterstypischen Besonderheiten der Kinder berücksichtigt werden. Kinder im Alter von sechs Jahren lernen anders als Jugendliche (vgl. Kapitel 2.2). Die Inhalte sollen kindgemäß vermittelt werden: klar, lebendig, interessant, nicht »kindisch« oder »überhöht«. Die Kinder sollen Freude an den Aktivitäten haben und es darf kein Leistungsdruck herrschen. Wünsche und Interessen sollen berücksichtigt werden und die Wissensinhalte den Kindern angepasst sein.

Die Kinder sollen körperlich und geistig aktiv werden. Auch die momentane Verfassung der Kinder ist dabei zu berücksichtigen: Haben die Kinder zum Beispiel am Vormittag an einem konditionell fordernden Sportwettbewerb teilgenommen, dann wird die Betreuungsperson sinnvollerweise keine Bewegungsspiele anbieten, sondern eher ruhigere Aktivitäten wie das Vorlesen einer Geschichte. Beispiele für spielerisches und kindgemäßes Lernen können Bewegungsspiele, Rollenspiele, Regelspiele, Partnerspiele und Ratespiele sein.

Individualisierung und Differenzierung

Bei der Planung der Aktivitäten muss die Betreuungsperson die Individualität der Kinder berücksichtigen. Nicht jedes Kind hat die gleichen Fähigkeiten, das gleiche Entwicklungs- und Lerntempo (vgl. Kapitel 2.2). Jedes Kind bringt sich individuell in die Gruppe ein. Das ist kein Problem, solange die Betreuungsperson dies wahrnimmt und ihre Angebote daran orientiert.

Plant die Betreuungsperson eine Aktivität, welche nur einzelne Kinder leisten können, so muss sie für die Anderen eine Alternative anbieten, die deren individueller Entwicklung entspricht. Differenzierung kann konkret bedeuten, dass beim Einstieg in die Thematik »Gutes Feuer – schlechtes Feuer« Bilder zum Ausmalen bereitliegen, ausgeschnittene Symbole sortiert werden können und die Möglichkeit besteht, Sprechblasen oder Tabellen mit eigenen Wörtern und Sätzen auszufüllen. Ein gemeinsamer Einstieg und Abschluss der Gruppenstunde darf jedoch nicht fehlen, damit das Gemeinschaftsgefühl der Gruppe nicht verloren geht (vgl. Kapitel 5.2).

3 Wichtige Informationen für Betreuende

3.1 Grundregeln, Voraussetzungen und Anforderungen an die Betreuenden

Wer eine Kindergruppe in der Feuerwehr leiten möchte, muss sich zunächst selbst einmal kritisch hinterfragen: Bin ich in der Lage, eine Gruppe von Kindern dieses Alters kindgerecht zu leiten? In welchem Stil werde ich mit den Kindern grundsätzlich umgehen und wie reagiere ich in besonderen Situationen? Um diese Überlegungen zu unterstützen, sind im Folgenden einige Grundregeln aufgeführt, die als Eckpfeiler für eine gute Gruppenleitung gelten und in das Leitungskonzept mit einfließen sollten:

- Jede Betreuungsperson hat ein hohes Maß an Verantwortung zu tragen, denn Eltern wollen ihre Kinder in guten Händen wissen. Sie erwarten daher Sicherheit für ihre Kinder, aber auch ein gewisses Maß an Geborgenheit und das Engagement für eine rundum gute Betreuung.
- Die Betreuungsperson hat auch eine Vielzahl an Rollen zu vereinen: So ist sie mal Vertrauensperson, Freund bzw. Freundin, Gesprächspartner, Spielkamerad sowie gegebenenfalls bei Ausflügen auch ein Elternersatz.
- Grundregeln und Ordnungsprinzipien für die Arbeit in den Kindergruppen müssen von den Betreuern

mit allen Beteiligten, also Eltern und Kindern, vereinbart werden. Gibt es abgesprochene Regeln, dann sollten diese auch konsequent eingehalten werden.

- Das richtige Maß muss gefunden werden: Kinder wollen Freiheiten und sich ausleben, aber es braucht auf der anderen Seite auch manchmal Führung und Einschränkung, zum Beispiel dann, wenn andere Kinder dadurch in ihrer Entfaltung beeinträchtigt werden.

- Alle Kinder sind in der Betreuung gleich zu behandeln! Niemand sollte bevorzugt werden und auch jene Kinder sollen nicht »untergehen«, die vielleicht gehemmt, schüchtern oder der Betreuungsperson weniger sympathisch sind.

- Oberstes Gebot ist die konsequente Wahrnehmung der Aufsichtspflicht (vgl. Kapitel 4.1). Auch wenn hier unangenehme Entscheidungen zu treffen sind, hat dies nichts mit Gängelung der Kinder zu tun. Vielmehr ist dies als ein Zeichen recht verstandener Zuwendung zu verstehen, wenn eine Betreuungsperson um die Sicherheit und Gesundheit der ihr anvertrauten Kinder bemüht ist.

- Autorität kann nicht erzwungen oder erlernt werden. Sie wächst aber aus Kompetenz, aus dem gelebten und akzeptierten Vorbild, aus der Glaubwürdigkeit vertretener Meinungen und aus der Ehrlichkeit des Bemühens um und für die Kinder.

- Die Betreuungspersonen in einem Team ziehen gemeinsam an einem Strang. Alle Personen bieten gleichermaßen Offenheit und Zuwendung, aber auch Konsequenz und Pflichtbewusstsein.

- Alle Betreuenden müssen auf dem gleichen Informationsstand sein. Hierzu sind regelmäßig entsprechende Absprachen nötig.
- Auseinandersetzungen und Meinungsverschiedenheiten zwischen den Betreuungspersonen untereinander werden grundsätzlich intern und nicht im Beisein der Kinder geregelt.
- Das gute Vorbild ist wichtig – und das in jeglicher Hinsicht. Gewissenhaftigkeit und Zuverlässigkeit der Betreuungsperson spiegeln sich in der Gruppe wider. Auch die Betreuungsperson packt z.B. gemeinsam mit den Kindern an.
- Kein Kind ist von Natur aus schlecht. Aber natürlich gibt es schwierige Kinder, mit denen es umzugehen gilt. Es gibt immer Ansatzpunkte für eine positive Einflussnahme. Solange das Kind zu den Gruppenstunden erscheint, kann in der Regel davon ausgegangen werden, dass es Interesse an der Aufmerksamkeit durch die Betreuungsperson hat. Es darf unter keinen Umständen zu einem Bloßstellen des Kindes kommen. Auch verletzende Bemerkungen helfen niemals, Probleme zu lösen und dürfen im Umgang mit Kindern nicht fallen.
- Die Betreuungspersonen interessieren sich möglichst für alles, was ihre zu betreuenden Kinder betrifft. Sie beteiligen sich, sie spielen mit, sind Partnerinnen und Partner. Kinder erwarten diese Beteiligung. Eine unbeteiligte, abgelenkte und

gleichgültige Betreuungsperson lähmt die Aktivitäten. Wer den Kindern Geduld und Verständnis entgegenbringt, der findet auch Erwiderung bei den Mitgliedern der Gruppe.

Die Kindergruppen sollen möglichst von einem Betreuungsteam gestaltet werden. Mindestens eine Betreuungsperson sollte pädagogische Kenntnisse aufweisen und mindestens eine Betreuungsperson sollte Feuerwehrmitglied sein. Des Weiteren können Eltern, Erzieherinnen und Erzieher oder Feuerwehrangehörige im Team integriert sein. Die Betreuungspersonen sollen in jedem Fall die Fähigkeit besitzen, sich auf die Kinder einzulassen. Sie müssen sich sprachlich auf ihr Niveau begeben können und sich in ihr Denken hineinversetzen (vgl. Kapitel 2.2). Respekt und Verständnis für die Kinder müssen selbstverständlich sein.

Gute Voraussetzungen bringen die Personen mit, die bereits Lehrgänge zur Brandschutzerziehung oder zum Jugendfeuerwehrwart besucht haben. Darüber hinaus können auch pädagogische Erfahrungen (Familienerziehung, Jugendgruppenleiter, Praktika) von Vorteil sein, um eine sinnvolle Brandschutzerziehung und die Leitung einer Kindergruppe zu leisten. Durch diese Vorkenntnisse kann auf einen gewissen »Erfahrungsschatz« zurückgegriffen werden, der jedoch keineswegs als zwingende Voraussetzung für die Leitung einer Kindergruppe gilt. Grundsätzlich ist es wünschenswert, dass bei der geplanten Neugründung einer Kindergruppe in der Feuerwehr nicht automatisch der Jugendfeuerwehrwart für diese Aufgabe vorgesehen und dadurch eventuell überbeansprucht wird. Generell soll die Leitung einer Kindergruppe auch anderen Personen, wie bereits dargestellt, übertragen werden. Hierzu muss aber beachtet werden, dass für diese auch der Unfallversicherungsschutz gelten muss. In Rheinland-Pfalz z. B. wird dieser Personenkreis zum Fachberater ernannt.

3.2 Das Ausbildungskonzept für die Leitung einer Kindergruppe in der Feuerwehr

Betreuungspersonen von Kindergruppen sollen einen einheitlichen Ausbildungsstand aufweisen. Deshalb wurde z. B. in Rheinland-Pfalz (vergleichbare Konzepte bestehen auch in anderen Bundesländern) eine Fortbildung für Betreuende von Kindergruppen konzipiert, damit ein entsprechender Qualitätsstandard gewährleistet wird. Das Konzept sieht eine zweistufige Lehrgangsteilnahme vor: Die Basis bildet die breitgefächerte Ausbildung mit insgesamt 40 Lehrgangsstunden an zwei Wochenenden, die inhaltlich an die Ausbildung zum Jugendgruppenleiter angelehnt ist.

Info:

Die Ausbildungsrichtlinien zum Jugendleiter richten sich nach dem jeweiligen Bundesland. Über die Jugendleiter Card (Juleica) kann man sich als ehrenamtlicher Mitarbeiter in der Jugendarbeit ausweisen. Neben der länderspezifischen Ausbildung gehören auch eine ebenfalls länderspezifische Erste-Hilfe-Ausbildung sowie ein Nachweis über die tatsächliche ehrenamtliche Jugendarbeit zu den Voraussetzungen, um eine Juleica zu beantragen. Nähere Informationen können der Internetseite www.juleica.de (Stand Dezember 2021) entnommen werden.

An den beiden Ausbildungswochenenden werden unter anderem folgende Themen bearbeitet:

- Lebenssituation von Kindern und Jugendlichen,
- Entwicklungsprozesse im Kinder- und Jugendalter,
- Spielpädagogik mit Spielideen für Gruppenstunden,
- Rolle des/Erwartungen an den Jugendleiter,
- Rollenverhalten von Kindern und Jugendlichen, Gruppenpädagogik und -dynamik (mit Praxisübungen),
- Kommunikation, Gesprächsführung/Auftreten vor der Gruppe,
- Grundlagen der Aufsichtspflicht und Haftung in der Kinder- und Jugendarbeit,
- Vertiefung der Kenntnisse zu Aufsichtspflicht, Haftung und Jugendschutz anhand von Fallbeispielen,
- Ideenfindung/Methodenplanung/Programmgestaltung,
- Erste-Hilfe-Ausbildung mit speziellen Maßnahmen am Kind, typische Unfälle in der Altersgruppe und weitere Maßnahmen nach Unfällen und Schäden, Besprechung von Fällen,
- Teamarbeit/Teamentwicklung, Anforderungen an Team und Leitung,
- Konfliktmanagement (Rollenspiele, Praxiserfahrungen),
- Versicherungstechnische Inhalte,
- Unfallverhütung,
- Öffentlichkeitsarbeit, Mitgliederwerbung, Veranstaltungen und Elternarbeit,
- Möglichkeiten für Zuschüsse.

Der beschriebene erste Baustein beinhaltet eine Vielzahl von Themen, die in ihrer Gesamtheit einen hervorragenden Ausgangspunkt für den nun folgenden zweiten Ausbildungsbaustein bilden. Dieser zweite Block, der weitere 14 Stunden umfasst, betrachtet die speziellen Fähigkeiten, Bedürfnisse und Lernprinzipien der Sechs- bis Zehnjährigen (vgl. Kapitel 2). Weitere Inhalte dieses Wochenendes sind die kindgerechte Arbeit (didaktisch-methodische Überlegungen) während der Gruppenstunden sowie das Erlangen von Grundlagen bezüglich Aufbau und Organisation einer Vorbereitungsgruppe, Dienstplangestaltung (kindgemäße Themen) und das Kennenlernen verschiedener Medien zum Thema Feuerwehr und Brandschutzerziehung.

Grundsätzlich wird das Absolvieren beider Lehrgangsbausteine als Voraussetzung zur Leitung einer Kindergruppe erwartet. Liegt jedoch eine gültige Juleica bereits vor, so kann der erste Baustein aufgrund der inhaltlichen Nähe anerkannt werden. Der zweite Baustein, der sich gezielt mit der praktischen Umsetzung und dem Aufbau einer solchen Gruppe beschäftigt, muss in jedem Fall absolviert werden. Rheinland-Pfalz empfiehlt den Lehrgang auch für die Betreuenden, die nicht als Leitung der Gruppe fungieren.

3.3 Grundlagen zur Gründung einer Kindergruppe in der Feuerwehr

Zu klärende Fragen

- Wird die Kindergruppe von den Kameradinnen und Kameraden akzeptiert?

- Wird die Kindergruppe vom Träger akzeptiert?
- Muss die örtliche Satzung angepasst werden?
- Sind die räumlichen Gegebenheiten akzeptabel?
- Wer übernimmt die Leitung der Kindergruppe(n)?
- Wer macht mit im Betreuer-Team?
- Wie kann man die Eltern zum Mitmachen animieren?

Ablauf der Gründungsvorbereitung

- Information an die Leitung der Ortsfeuerwehr, dass eine Kindergruppe in der Feuerwehr gegründet werden soll.
- Anschließend müssen die übergeordneten Stellen informiert werden.
- Infoabend mit Eltern und Kindern.
  Hier auch die Kostenübernahme (bei besonderen Veranstaltungen) klären. Ggf. kann ein vorhandener Förderverein wertvolle Dienste leisten.
- Gründungsgesuch schriftlich an den Aufgabenträger, mit einer kurzen Begründung und dem möglichen Betreuerteam.
- Nach der schriftlichen Zusage durch den Aufgabenträger bestellt der Bürgermeister den Leiter der Kindergruppe.

Bedingungen der Gründung für ein fachkompetentes Team

Die Entscheidung über Gründung der Kindergruppen obliegt der Kommune, die die gesetzlichen Grundlagen prüft und notwendige organisatorische Voraussetzungen schafft.

- Auswahl geeigneter Personen zur Betreuung der Kinder:
    - hohes Verantwortungsbewusstsein,
    - guter Umgang mit Kindern verschiedener Altersgruppen,
    - pädagogische Kenntnisse,
    - feuerwehrspezifisches Fachwissen,
    - Kenntnisse in der Ersten Hilfe am Kind,
    - Bewusstsein für Verantwortung und Haftung des Versicherungsschutzes,
    - Kenntnisse und Bewusstsein hinsichtlich der Unfallverhütung.
- Ggf. Gewährleistung sicherer Transportmöglichkeiten für die Kinder.
- Bereitstellung geeigneter Räumlichkeiten.

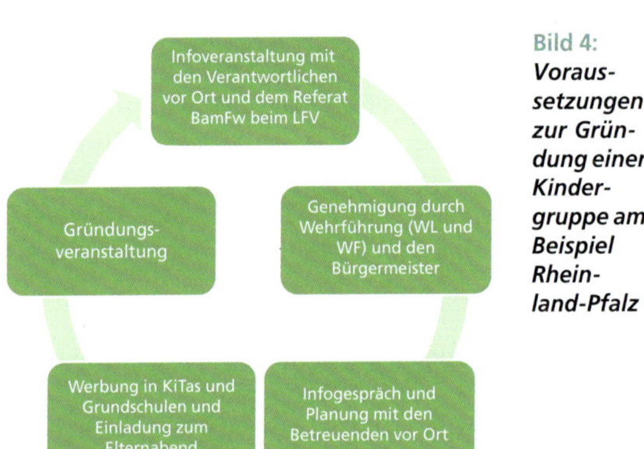

Bild 4:

Voraussetzungen zur Gründung einer Kindergruppe am Beispiel Rheinland-Pfalz

Bereitstellung geeigneter Räumlichkeiten

Bei der Planung von Feuerwehrgebäuden wird in der Regel die Nutzung durch Kinder nicht berücksichtigt. Es muss zunächst eine Bestandsaufnahme der Gefährdungen für die Zielgruppe Kinder in der Feuerwehr erfolgen. Diese Aufnahme und Gefahrenbewertung wird Gefährdungsbeurteilung genannt.

Folgende Punkte müssen hierbei u. a. beachtet werden:

- Absturzgefahren (z. B. in Treppenhäusern, in Türmen, Balkone etc.),
- Gefahrstoffe (Zugriff bzw. Zugangsmöglichkeiten),
- Verletzungsgefahren durch Gegenstände oder Gebäudeteile (Abstände, Treppen, Glasflächen),
- Verkehrssituationen (um und im Feuerwehrhaus),
- Verhalten bei parallelen Einsätzen.

Wenn das Betreten aufgrund negativer Gefährdungsbeurteilung untersagt und keine Alternative für die Kinder vorhanden ist, besteht die Option, die Ausbildung der Kinder an anderen Örtlichkeiten durchzuführen.

Beachtung spezifischer Sicherheitsaspekte

Kinder und Jugendliche dürfen nur solche Tätigkeiten ausführen, die ihrer physischen und psychischen Leistungsfähigkeit entsprechen. Z. B. verweisen für das Anheben von Geräten viele Feuerwehrunfallkassen auf die Faustregel, dass nicht mehr als 10 % des eigenen Körpergewichtes gehoben werden dürfen. Feuerwehrtypische Tätigkeiten wie z. B. der Umgang mit Gefahrstoffen, das Tragen von Atemschutz, der Umgang mit hydraulischen oder pneumatischen Rettungsgeräten und die Durchführung von Alarmfahrten dürfen Kindern theoretisch gelehrt, aber nicht von ihnen selbst ausgeführt werden.

Gewährleistungen und Transportmöglichkeiten

Es dürfen nur so viele Kinder befördert werden, wie Sitzplätze in einem Fahrzeug vorhanden sind. Kinder bis zum vollendeten zwölften Lebensjahr, die kleiner als 150 cm sind, dürfen in Kraftfahrzeugen auf Sitzen, für die Sicherheitsgurte vorgeschrieben sind, nur mitgenommen werden, wenn Rückhalteeinrichtungen für Kinder benutzt werden, die amtlich genehmigt und für das Kind geeignet sind.

Alle Kinder müssen während der Fahrt angeschnallt sein. Eine Aufsicht beim Ein- und Aussteigen muss permanent vorhanden sein, dies gilt auch für die Übergabe an die Eltern, wenn ein Kind nach Hause gebracht wird.

Beim Transport als Pendelverkehr (z. B. ein MTF bringt 20 Kinder zum Sportplatz) muss gewährleistet sein, dass kein Kind unbeaufsichtigt bleibt. Alarmfahrten mit blauem Rundumlicht und Einsatzhorn sind für Kindergruppen verboten.

Versicherungsschutz

Die Mitglieder der Kindergruppen sind gesetzlich unfallversichert. Der Versicherungsschutz erstreckt sich während der eigentlichen Ausbildung, auf dem Weg vom und zum Feuerwehrhaus (vgl. Kapitel 4.2) (siehe Sozialgesetzbuch VII).

3.4 Kleiderordnung

Eine Kleiderordnung besteht nicht. Die Dienstkleidung der Mitglieder der Jugendfeuerwehr sollte nicht getragen werden, ebenso keine Uniform, die der Einsatzabteilung ähnlich sieht. Gegen eine einheitliche Mütze, T-Shirt, Hemd, Jacke o. ä. bestehen keine Bedenken. Hier können einerseits die gemeinsam angeschafften Kleidungsstücke zur Identifikation und zum Zusammenhalt beitragen. Gleichzeitig aber sorgen verschiedene Ansätze und Ideen für eine angenehme »Buntheit« der Kinderguppen, welche auch deren Charaktere widerspiegelt. Auch eine (ggf. bedruckte) Warnweste hat sich bewährt, denn neben der Funktion als Mittel zur Gruppenzugehörigkeit ergibt sich hier die praktische Funktion (bei Ausflügen etc.), die Kinder auch aus der Entfernung schnell ausmachen zu können.

Die Kinder bereits schon so früh Uniformen tragen zu lassen, kann dagegen problematisch sein. Das Tragen der ersten Uniform sollte ein Vorrecht der Jugendfeuerwehr bleiben, was als zu erreichendes Ziel die Kinder zusätzlich anspornt. Hierdurch kann die Motivation gefördert werden, in die Jugendfeuerwehr überzutreten. Für die Tätigkeiten in einer Kindergruppe ist das Tragen einer Uniform oder sogar von Schutzkleidung nicht notwendig.

Gleichwohl können Warnwesten, Kinderarbeitshandschuhe sowie ein Kinderplastikhelm dazu dienen, sich früh an diese Ausrüstungsgegenstände zu gewöhnen und damit im Sinne der Sicherheitserziehung lernbegünstigend sein. Denn natürlich kann das Thema des persönlichen Schutzes nicht früh genug verinnerlicht werden und geht bei frühzeitiger und regelmäßiger Benutzung quasi in Fleisch und Blut über.

4 Rechtlicher Hintergrund und Versicherungsschutz

4.1 Aufsichtspflicht und Haftung

Die Übertragung der Aufsichtspflicht von Eltern auf Betreuungspersonen

Die Aufsichtspflicht ist ein Teil der elterlichen Sorge (§ 1626 BGB). Grundsätzlich sind alle Minderjährigen, ohne Rücksicht auf ihre körperliche, geistige und seelische Entwicklung, aufsichtsbedürftig. Die Aufsichtsbedürftigkeit Minderjähriger endet unabhängig von der individuellen Entwicklung mit Vollendung des 18. Lebensjahres. Der individuelle Reifegrad hat lediglich Einfluss auf Umfang und Maß der Aufsichtsführung. Volljährige können ebenfalls aufsichtsbedürftig sein, wenn ihr körperlicher oder geistiger Zustand eine Beaufsichtigung nach den jeweils konkreten Gegebenheiten erforderlich macht. Zu unterscheiden sind die gesetzliche Aufsichtspflicht kraft ausdrücklicher gesetzlicher Bestimmungen wie insbesondere die der Eltern gemäß § 1631 BGB und die Aufsichtspflicht durch vertragliche Übernahme. In der Kinder- und Jugendarbeit liegt prinzipiell eine vertragliche Übernahme der Beaufsichtigung von den Eltern vor (§ 832 (2) BGB). Ein solcher »Aufsichtsvertrag« kommt in der Regel formlos zustande und die Aufsicht muss nicht ausdrücklich vereinbart werden, sondern besteht auch dann, wenn sie zumindest stillschweigend übertragen wird, zum Beispiel bei Besuch der Gruppenstunde mit Wissen der Eltern. Die Aufsichtspflicht des Betreunden ist in diesem Fall auf den örtlichen und zeitlichen Rahmen der Gruppenstunde beschränkt. Dabei entsteht in der Regel keine vertragliche Beziehung direkt zwischen Eltern und Betreuenden, sondern zwischen Eltern und Trägern des Angebotes. Für die Haftung aus § 832 (2) BGB »Haftung des Aufsichtspflichtigen« ist dies jedoch unerheblich; eine Übertragungskette über den Träger an den Betreuenden ist ausreichend.

4.1.1 Anforderungen an die Aufsichtspflicht

Bezogen auf die Kindergruppen in der Feuerwehr heißt das konkret: Wenn Eltern ihr Kind bei der Vorbereitungsgruppe anmelden, entsteht ein Vertrag zwischen ihnen und dem Träger der Vorbereitungsgruppe. Dadurch übertragen sie die Aufsichtspflicht für die Dauer der Gruppenstunden an den Träger. Dieser wiederum überträgt sie auf die Betreuungspersonen. Diese haften für die ihnen anvertrauten Kinder und müssen, sollte das aufsichtsbedürftige Kind aufgrund einer mangelhaft ausgeübten Aufsichtspflicht einen Schaden (Eigenschaden) erleiden, für mögliche Schäden nach BGB § 832 aufkommen. Analog dazu sind Fremdschäden zu betrachten:

»(1) Wer kraft Gesetzes zur Führung der Aufsicht über eine Person verpflichtet ist, die wegen Minderjährigkeit oder wegen ihres geistigen oder körperlichen Zustands der Beaufsichtigung bedarf, ist zum Ersatz des Schadens verpflichtet, den diese Person einem Dritten widerrechtlich zufügt.« (BGB § 832) (www.gesetze-im-internet.de, Stand Dezember 2021)

Der Bundesgerichtshof meint dazu:

»Das Maß der gebotenen Aufsicht bestimmt sich nach Alter, Eigenart und Charakter des Kindes sowie danach, was Jugendleitern in der jeweiligen Situation zugemutet werden kann. Entscheidend ist, was ein verständiger Jugendleiter nach vernünftigen Anforderungen unternehmen muss, um zu verhindern, dass das Kind selbst zu Schaden kommt oder Dritte schädigt« (BGH in NJW 1984/2574).

Hiermit ist gemeint, dass bei der rechtlichen Prüfung der Pflicht zur tatsächlichen Aufsichtsführung (Art und Umfang) im Einzelfall folgende Umstände berücksichtigt werden:

- Alter und persönliche Verhältnisse (z. B. Behinderung, Reifegrad) der Aufsichtsbedürftigen,
- Größe der Gruppe,
- örtliche Verhältnisse,
- Anzahl, Beherrschbarkeit und Einschätzbarkeit der vorhandenen Gefahrenquellen,
- objektive Gefährlichkeit der Aktivität, zum Beispiel Umgang mit Werkzeug, Schwimmbadbesuch,
- Anzahl der Mitbetreuer, nur wenn vorher eine Verteilung der Zuständigkeiten innerhalb des Teams vereinbart wurde,
- Qualifikationen sowie Erfahrungsstand der Betreuenden.

Daraus lässt sich schließen, dass im Allgemeinen das persönliche Maß der Aufsichtspflicht

- mit steigendem Alter der Kinder und Jugendlichen, schon unter dem Aspekt des § 828 BGB (Mitverantwortung), ständig abnimmt,
- mit zunehmender Gefährlichkeit der Aktivität (z. B. Baden im See) ständig zunimmt,
- bei umfangreichen Hinweisen und Warnungen schon im Vorfeld abnimmt,
- bei ungünstigen persönlichen Umständen des Aufsichtsbedürftigen zunimmt,
- bei mehreren Mitbetreuenden (und Aufgabenverteilung) abnimmt,
- bei zunehmender Größe der Gruppe ständig zunimmt.

Die Aufsichtspflicht liegt, wie oben beschrieben, grundsätzlich bei den Eltern, kann aber durch mehrere Wege an jemanden übertragen werden. Dies kann per Gesetz, per Vertrag oder aus Gefälligkeit sein. Für die Übertragung und Übernahme der Aufsichtspflicht bedarf es keiner besonderen Form. Es muss auch keine ausdrückliche Form beachtet werden. Es reicht vom Grundsatz her aus, wenn die Eltern in Kenntnis gesetzt wurden, dass die Kinder und Jugendlichen bei der Gruppe mitmachen und dort aktiv sind (schlüssiges Handeln). In jedem Falle ist aber ein »Übergabeakt« erforderlich. Das bedeutet, dass unter beidseitiger Beteiligung der Wille zur Übertragung der Aufsichtspflicht deutlich wird. Auch dieser »Übergabeakt« ist an keine Form gebunden. Bei den Kinderfeuerwehrgruppen dürfte er in der Regel stattfinden, wenn die Eltern ihre Kinder bei den

Verantwortlichen anmelden und sich über die Modalitäten und Bedingungen informieren. Die Betreuenden müssen sich bei der Übernahme über die möglichen rechtlichen Folgen bewusst sein und sich dementsprechend auch rechtlich binden wollen. Der bestehende Wille der Bindung kann festgestellt werden, da sich die Betreuenden entschieden haben, eine JuLeiCa zu beantragen. Wie schon erwähnt, bedarf es keiner besonderen Form. Der Gesetzgeber sieht hier das schlüssige Handeln des Jugendleiters (Aufnahme in die Gruppe) als ausreichend an.

4.1.2 Aufsichtspflicht und Experimente (z. B. im Rahmen der Brandschutzerziehung)

Der Umfang der Aufsichtspflicht ist eng an die Art der Beschäftigung gekoppelt. Dabei spielen verwendete Spielgeräte und Werkzeuge eine besondere Rolle. Hier müssen die gefahrlose Nutzbarkeit und technische Funktionstüchtigkeit überprüft werden. Die Beschäftigung mit gefährlichen Spielgeräten muss untersagt werden. Dies bedeutet allerdings nicht, dass jede Tätigkeit, bei der eine gewisse Selbst- oder Fremdgefährdung nicht auszuschließen ist, vermieden werden muss. Der Bundesgerichtshof führt hierzu aus:

»Nicht unbedingt das Fernhalten von jedem Gegenstand, der bei unsachgemäßem Gebrauch gefährlich werden kann, sondern gerade die Erziehung des Kindes zu verantwortungsbewußtem Hantieren mit einem solchen Gegenstand wird oft der bessere Weg sein, das Kind und Dritte vor Schäden zu bewahren. Hinzu kommt die Notwendigkeit frühzeitiger prak-

tischer Schulung des Kindes, das seinen Erfahrungsbereich möglichst ausschöpfen soll« (BGH NJW 1976/1684).

Eine sorgfältige und behutsame Anleitung sowie ausdrückliche Hinweise auf die bestehenden Gefahren sind allerdings notwendig. Bei besonders gefährlichen Gegenständen muss zudem die unbeaufsichtigte Beschäftigung verhindert werden. Bei Werkzeug muss die Betreuungsperson prüfen, »ob nach dem konkreten Alter und Entwicklungsstand der Umgang mit dem Werkzeug verantwortet werden kann« (LFV RLP, o. A.). Im Zweifel haben Sicherheitsgesichtspunkte gegenüber erzieherischen Erwägungen Vorrang.

4.1.3 Wie kann die Aufsichtspflicht erfüllt werden?

Oberstes Ziel der Aufsichtspflicht ist es, einen Schaden von den Schutzbefohlenen oder einen Schaden, den die Schutzbefohlenen einem Dritten zufügen können, zu verhindern. Um der Aufsichtspflicht Genüge zu tun, gibt es einige Dinge, die beachtet werden sollten:

1.) Vermeidung und Beseitigung von Gefahrenquellen
Bevor mit einer Maßnahme begonnen wird, muss sichergestellt werden, ob der Veranstaltungsort Gefahrenquellen birgt, die beseitigt werden müssen. Dies gilt für den Gruppenraum ebenso wie für den Bolzplatz. Wenn also Scherben auf dem Boden herumliegen oder kaputte Stühle im Gruppenraum stehen, dann müssen diese Gefahrenquellen beseitigt werden.

Darüber hinaus ist es besonders wichtig darauf zu achten, dass man als Betreuungsperson selbst keine Gefahrenquellen schafft, z. B. gefährliche Werkzeuge offen herumliegen lässt.

2.) Vorsorgliche Belehrungen und Mahnungen

Nicht alle Gefahrenquellen können beseitigt werden, daher müssen Kinder auf die Gefahren bestimmter Situationen und Verhaltensweisen aufmerksam gemacht werden, damit sie diese erkennen und meistern können. »Je größer die Gefahr ist, umso eindringlicher muss die Belehrung sein«.

3.) Ge- und Verbote

Damit Kinder und Dritte nicht geschädigt werden, ist es oft notwendig, bestimmte Ge- und Verbote auszusprechen. Es ist aber darauf zu achten, dass die Anweisungen nicht zu schwammig sind, wie zum Beispiel »nicht zu nah an der Straße mit dem Ball spielen«. Hier muss mit einer eigenwilligen und unter Umständen gefährlichen Auslegung der Kinder gerechnet werden. Eine wichtige Regel: Niemand verlässt die Gruppenstunde, ohne sich bei der Betreuungsperson abzumelden.

Merke:

Hier überlagern sich Rechtliches und Pädagogik. Wenn möglich, sollten die Ge- und Verbote aus pädagogischer Sicht immer erklärt werden.

4.) Überwachung

Belehrungen und Verbote genügen nur dann, wenn die Betreuungsperson von ihrem Erfolg überzeugt sein kann. Da sich eine solche Überzeugung nicht alleine auf »Menschenverstand«, sondern eher auf eine »längere und durch Überprüfung erhärtete Erfahrung nur des bisherigen Verhaltens des Minderjährigen« (LFV RLP, o. A.) stützt, ist diese besonders am Anfang nach der Gruppengründung noch nicht gegeben. Von daher ist eine regelmäßige Kontrolle über die Einhaltung von Ge- und Verboten notwendig. Dabei reicht meist eine unauffällige und stichprobenartige Überwachung aus, um festzustellen, wer sich an die Spielregeln hält und wer nicht. Eine offene und andauernde Kontrolle trägt wenig zum gegenseitigen Vertrauen bei und sollte nur in angemessenen Fällen angewandt werden. Ähnlich wie in der Schule spielt das Verhältnis der Betreuungsperson zu den Kindern eine wichtige Rolle. Ge- und Verbote, die von einer »positiven Autorität« vermittelt werden, werden in der Regel eher akzeptiert.

5.) Notwendiges Eingreifen

Verbote ergeben nur dann einen Sinn, wenn sie auch durchgesetzt werden. Hierbei muss jedoch der Grund der »Überschreitung« beachtet werden. Bei unabsichtlicher Vergesslichkeit reicht meist eine erneute Belehrung oder zum Beispiel die Wegnahme des gefährlichen Spielzeugs. Besonders wichtige Verbote können durch das Androhen einer Strafe verdeutlicht werden, welche ggf. dann im Rahmen des Ermessens auch verhängt werden muss.

6.) Hinweise für die Gruppenstunden

Während der normalen Gruppenstunden muss die Betreuungsperson ständig wissen, wo sich die ihr anvertrauten Kinder aufhalten. Wenn die Betreuungsperson ausschließen kann, dass die Kinder oder Dritte gefährdet sind, darf sie die Kinder kurzfristig aus den Augen lassen (zum Beispiel um ein anderes Kind zur Toilette zu bringen). Den Kindern muss vermittelt werden, dass sie ständig unter Aufsicht sind und dass die Betreuungsperson jederzeit wieder zurück sein kann. Sie dürfen nicht das Gefühl haben, dass die Erwachsenen für längere Zeit abwesend sind und sie nicht unter Beobachtung stehen. Die Kinder müssen auch immer wissen, wo sich die Betreuungsperson aufhält, damit sie schnellstmöglich gefunden wird, wenn es notwendig ist. Mit zunehmendem Alter ist eine ständige Beaufsichtigung durch Betreuungspersonen nicht mehr zwingend notwendig. Die Betreuungsperson kann sie, je nach Situation, Alter und Charakter der Kinder, unbeaufsichtigt lassen, muss aber in regelmäßigen Abständen kontrollieren.

7.) Hinweise für besondere Veranstaltungen

Die Erfahrung hat gezeigt, dass bei besonderen Veranstaltungen oder Aktivitäten (zum Beispiel Versuche mit Feuer) der Betreuungsschlüssel erhöht werden und angemessene Sicherheitsmaßnahmen getroffen werden müssen. Dazu gehört auch, dass bei Fahrten im Pkw oder Feuerwehrfahrzeug die entsprechenden Kindersitze benutzt werden und die Anschnallpflicht eingehalten wird (vgl. Kapitel 4.2).

Generell ist daher festzuhalten, dass der Aufsichtspflicht gegenüber Minderjährigen ein sehr hoher Stellenwert einzuräumen ist. Die Eltern der Kinder in der Feuerwehr vertrauen den Betreuungspersonen ihre Kinder für die Zeit der Gruppenstunde an und mit der Übergabe der Kinder zu diesen Terminen bis zu ihrer Abholung wird die Aufsichtspflicht übertragen.

Es ist also stets dafür Sorge zu tragen, dass bei allen Diensten, Unternehmungen, Experimenten oder ähnlichen Veranstaltungen eine ausreichende Anzahl von geeigneten Betreuungspersonen vor Ort ist, welche die gewissenhafte Fürsorge und Aufsicht der anvertrauten Kinder gewährleisten.

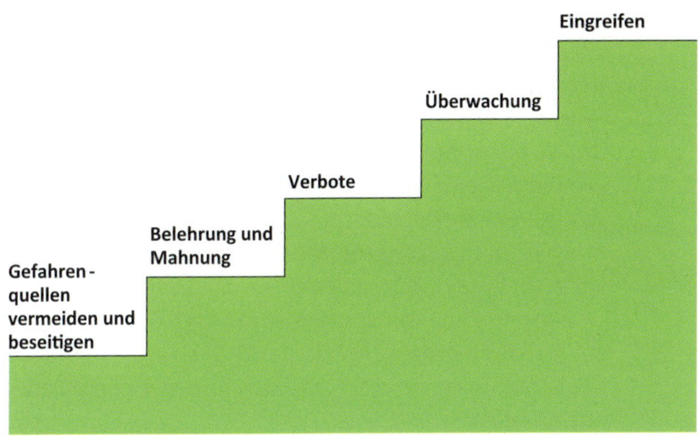

Bild 5: *Stufen der Aufsichtspflicht (nach LJR Rheinland-Pfalz, 2019)*

4.2 Die Unfallverhütungsvorschrift

Ein weiterer Baustein für die Sicherheit der uns anvertrauten Kinder ist die Unfallverhütungsvorschrift (UVV) »Feuerwehren«. Diese gründet sich auf das Sozialgesetzbuch VII und trägt schon seit vielen Jahrzehnten (natürlich immer entsprechend aktualisiert) dem besonderen Status und den Betätigungsfeldern der Freiwilligen Feuerwehren Rechnung. Äußerst wichtige Aktualisierungen hierbei waren die Aufnahme der (anerkannten) Jugendfeuerwehren und später dann der Kindergruppen in der Feuerwehr in den Geltungsbereich dieser UVV.

Nicht zuletzt aufgrund des Wortteils »Vorschrift« wird die UVV in der Praxis oft als Einschränkung bis hin zur Gängelung empfunden. Diesem Eindruck muss deutlich widersprochen werden, ist doch die ganz klare Grundidee stets der Schutz aller Feuerwehrangehörigen. Um diesen Schutz zu etablieren, wurden als Träger der gesetzlichen Unfallversicherung die Feuerwehrunfallkassen eingesetzt. Vereinfacht gesagt obliegt diesen die Prävention (also die Verhütung) von Unfällen im Feuerwehrdienst sowie die Rehabilitation (also die Heilung), wenn ein Unfall nicht vermieden werden konnte.

Beginnend mit den Vorschriften lässt sich der Anfangssatz aus § 15 der aktuellen UVV (Stand 2019) als allgemeingültige Überschrift auch für die Tätigkeiten in den Kindergruppen interpretieren:

»Im Feuerwehrdienst dürfen nur Maßnahmen getroffen werden, die ein sicheres Tätigwerden der Feuerwehrangehörigen ermöglichen.«

§ 17, Abs. (1) geht dann näher auf die jüngeren Mitglieder ein:

»Kinder und Jugendliche sind als Feuerwehrangehörige geeignet zu betreuen und zu beaufsichtigen. Ihr körperlicher und geistiger Entwicklungsstand sowie der Ausbildungsstand sind beim Feuerwehrdienst zu berücksichtigen.«

Es folgt die Ebene der Erläuterungen, wo es schon etwas konkreter wird. Hier wird z. B. ergänzend zum § 17 ausgeführt:

»Für eine schnelle Erste Hilfe in Kinder- und Jugendgruppen der Feuerwehr müssen bei allen Diensten mindestens eine Ersthelferin bzw. ein Ersthelfer zugegen sein.«

Mit diesen Grundsätzen ist eigentlich schon sehr viel gesagt. Da aber die Aktivitäten in den Kindergruppen erfreulicherweise äußerst vielfältig sind, können auf dieser Ebene naturgemäß keine Details geregelt werden. Deshalb wird der Präventionsgedanke nicht nur über Vorschriften transportiert. Deutlich wichtiger für alle Veranstaltungen vor Ort sind die zahlreichen Ausführungen und Handreichungen, welche von allen Feuerwehrunfallkassen sehr gut aufbereitet zur Verfügung gestellt werden. Hier empfiehlt es sich, immer (wieder) nach den entsprechenden Themengebieten zu suchen, um stets aktuell, kompetent und vor allem sicher im Handeln zu sein. Ein konkretes Beispiel für ein Themengebiet von praktischer Relevanz ist im Kapitel 4.3 zu finden.

Leider ist es auch mit der besten Prävention nicht möglich, alle Unfälle zu vermeiden. Wenn also wirklich einmal etwas passiert, spielen nach der Ersten Hilfe auch hier die Feuerwehrunfallkassen eine wichtige Rolle (Stichwort »Heilung«). Oft herrscht Unklarheit, unter welchen Bedingungen die Feuerwehrunfallkassen zuständig sind. Dies kann man anhand von vier Fragen ermitteln:

1. **Handelt es sich um eine versicherte Person?**
   → Dies ist regelhaft bei allen Mitgliedern der Kindergruppen gegeben, im Ausnahmefall kann dies auch

für Beauftragte außerhalb der Mitgliedschaft (z. B. Eltern) gelten.

2. **Handelt es sich um eine versicherte Tätigkeit?** → Versichert ist man bei allen dienstplan- bzw. satzungsgemäßen Tätigkeiten innerhalb der Kindergruppe sowie auf dem direkten (!) Hin- und Rückweg.

3. **Handelt es sich um einen Unfall?** → Ein Unfall ist eine unfreiwillige gesundheitliche Schädigung durch ein plötzlich von außen eintreffendes Ereignis auf den Körper. Erkrankungen gehören im Regelfall nicht dazu.

4. **Besteht ein Ursachenzusammenhang zwischen der ausgeführten Tätigkeit und der Verletzung?** → Nur bei einem direkten kausalen Zusammenhang ist die Zuständigkeit gegeben.

Sind alle vier Kriterien erfüllt, ist auch die Zuständigkeit der entsprechenden Unfallkasse gegeben. Es empfiehlt sich grundsätzlich, möglichst früh gegenüber Eltern, Rettungsdienst, Klinikpersonal etc. auf diese Tatsache hinzuweisen.

Anmerkung:

Um den Grundgedanken darzustellen, wurde an verschiedenen Stellen stark vereinfacht. Für konkrete Fragestellungen wird an dieser Stelle auf das Sozialgesetzbuch VII, die konkreten Formulierungen der UVV »Feuerwehr«, die Brandschutzgesetze der Länder sowie auf die einzelnen Bestimmungen der zuständigen Feuerwehrunfallkasse verwiesen.

4.3   Die Beförderung von Kindern

Ein spezielles Thema, das rechtzeitig und umfänglich beachtet werden muss, ist die Beförderung von Kindern in Fahrzeugen. Das Hinbringen und Abholen zur und von der Zusammenkunft ist Aufgabe der Eltern. Wenn man aber einen Ausflug mit den Kindern plant, sind zwei Herangehensweisen möglich: Die eine ist, dass man die Eltern dazu verpflichtet, die Kinder zur Schwimmhalle, zum Museum etc. zu fahren. Das ist für die Leitung und die Betreuenden sicher das einfachste. Möchte man aber mit allen zusammen fahren, führt das schnell zu einem etwas größeren logistischen Aufwand. Kinder im Alter von sechs bis zehn Jahren benötigen alle noch ein Sitzkissen oder einen Kindersitz. Hier können natürlich die Eltern befragt werden, ob sie für die Zeit des Ausflugs oder der Fahrt allgemein den Kindersitz zur Verfügung stellen können. Es stellt sich dann allerdings noch die Frage, ob man als Betreuerin oder Betreuer den Überblick über die einzelnen Sitze behält und ob die Sitze dann auch in das Fahrzeug passen. Viele neue Autos und Kindersitze besitzen das sogenannte Isofix System, welches in der Regel nicht in den Feuerwehrfahrzeugen zu finden ist, so dass keine Kompatibilität besteht. Um diesen Problemen aus dem Weg zu gehen, sollte man prüfen, ob es möglich ist, einfache Sitzkissen oder Sitzerhöhungen zu beschaffen. Hierbei muss beachtet werden, dass die Kissen für die Altersgruppe und die Gewichtsklasse des Kindes entsprechend ausgelegt sind. Diese Sitzerhöhungen kann man schon für unter 30 Euro bekommen, aber das führt abhängig von der

Gruppengröße und den zur Verfügung stehenden Plätzen schnell zu höheren Ausgaben

Merke:

Wie immer im Bereich der Sicherheit darf hier finanziell nicht gespart werden.

Wenn man sich gebrauchte Sitzerhöhungen schenken lässt, muss ganz besonders darauf geachtet werden, ob die Sitzerhöhungen überhaupt noch zugelassen sind. Seit 2008 kostet das Benutzen von nicht mehr zugelassenen Sitzen für Kinder 30 Euro Bußgeld, allerdings ist dies im Fall eines Unfalls dann sicher noch das kleinste Problem. An diesem Beispiel ist erkennbar, welche Fragestellungen vorher bedacht werden müssen. Am besten klärt man mit den Eltern bei einem Elternabend (vgl. Kapitel 5.7), wie sie sich den Transport vorstellen können. Vielleicht sind einige ja auch bereit, einen Teil der Sitzerhöhungen durch eine Spende mitzufinanzieren.

Merke:

Es gibt keine Sonderregelung für Feuerwehrfahrzeuge!

Bei der Mitnahme von Kindern in Kraftfahrzeugen sind verschiedene Vorschriften zu beachten. Die Rechtsgrundlage: § 35 Straßenverkehrszulassungsordnung gibt wieder, dass die in Fahrtrichtung angeordneten Sitze aller Kraftfahrzeuge, die nach dem 1.1.1992 erstmalig in den Verkehr gekommen sind, mit Dreipunktgurten auf den Außensitzen und mit Zweipunkt-Sicherheitsgurten (Beckengurten) auf den übrigen Sitzen ausgestattet sein müssen. Feuerwehrfahrzeuge bilden keine Ausnahme (UKH, o. A.).

INFO

Straßenverkehrs-Ordnung (StVO)

§ 21 Personenbeförderung, Abs. 1

(1 a) Kinder bis zum vollendeten 12. Lebensjahr, die kleiner als 150 cm sind, dürfen in Kraftfahrzeugen auf Sitzen, für die Sicherheitsgurte vorgeschrieben sind, nur mitgenommen werden, wenn Rückhalteeinrichtungen für Kinder benutzt werden, die den in Artikel 2 Absatz 1 Buchstabe c der Richtlinie 91/671/EWG des Rates vom 16. Dezember 1991 über die Gurtanlegepflicht und die Pflicht zur Benutzung von Kinderrückhalteeinrichtungen in Kraftfahrzeugen (ABl. L 373 vom 31.12.1991, S. 26), der zuletzt durch Artikel 1 Absatz 2 der Durchführungsrichtlinie 2014/37/EU vom 27. Februar 2014 (ABl. L 59 vom 28.2.2014, S. 32) neu gefasst worden ist, genannten Anforderungen genügen und für das Kind geeignet sind. Abweichend von Satz 1

1. ist in Kraftomnibussen mit einer zulässigen Gesamtmasse von mehr als 3,5 t Satz 1 nicht anzuwenden,

2. dürfen Kinder ab dem vollendeten dritten Lebensjahr auf Rücksitzen mit den vorgeschriebenen Sicherheitsgurten gesichert werden, soweit wegen der Sicherung anderer Kinder mit Kinderrückhalteeinrichtungen für die Befestigung weiterer Rückhalteeinrichtungen für Kinder keine Möglichkeit besteht,

3. ist […] bei sonstigen Verkehren mit Personenkraftwagen, wenn eine Beförderungspflicht im Sinne des § 22 des Personenbeförderungsgesetzes besteht, auf Rücksitzen die Verpflichtung zur Sicherung von Kindern mit amtlich genehmigten und geeigneten Rückhalteeinrichtungen auf zwei Kinder mit einem Gewicht ab 9 kg be-

schränkt, wobei wenigstens für ein Kind mit einem Gewicht zwischen 9 und 18 kg eine Sicherung möglich sein muss; diese Ausnahmeregelung gilt nicht, wenn eine regelmäßige Beförderung von Kindern gegeben ist.

(1 b) In Fahrzeugen, die nicht mit Sicherheitsgurten ausgerüstet sind, dürfen Kinder unter drei Jahren nicht befördert werden. Kinder ab dem vollendeten dritten Lebensjahr, die kleiner als 150 cm sind, müssen in solchen Fahrzeugen auf dem Rücksitz befördert werden. Die Sätze 1 und 2 gelten nicht für Kraftomnibusse.

(www.gesetze-im-internet.de, Stand Dezember 2021)

5 Die Gruppenstunde

5.1 Grundsätzliche Überlegungen

Allgemeine Aufgabe der Kinder- und Jugendarbeit ist die Förderung der personalen und sozialen Kompetenzen: Selbstständigkeit, Selbstbewusstsein, Selbstwertgefühl, Eigenverantwortlichkeit und Verantwortungsbewusstsein. Des Weiteren werden die Gemeinschaftsfähigkeit sowie Kommunikations- und Kritikfähigkeit besonders gefördert. Außerdem dient die Kinder- und Jugendarbeit im Allgemeinen zur Hinführung zu sozialem Engagement und gesellschaftlicher Mitverantwortung im demokratischen Kontext (vgl. Kapitel 1.2).

Bildungsprozesse bei Kindern setzen verlässliche Beziehungen und Bindungen zu Erwachsenen voraus. Bildung ist ein Geschehen sozialer Aktion. Hierbei spielt der Erwachsene als Vorbild eine wichtige Rolle. Erwachsene Personen zeigen dem Kind auf, wie mit sozialen Beziehungen, Situationen und Räumen umgegangen werden kann. Auf dem direkten Weg geschieht Erziehung beispielsweise durch Vormachen und Anhalten zum Üben, durch Wissensvermittlung sowie durch Vereinbarung und Kontrolle von Verhaltensregeln (Orientierungsplan Kindergarten BW, S. 19 ff.).

Erwachsene haben eine wichtige, verantwortungsvolle und aktive Rolle bei der Bildung und Erziehung des Kindes (Erziehungspersonen als Vorbilder). Eine anregende Umgebung schafft eine positive emotionale Bildung. Dies bedeutet nicht zuletzt, dass die Kinder beobachtet, angeleitet und immer wieder ermutigt werden. Bildung ist der Zusammenhang von

Lernen, Wissen, Wertebewusstsein, Haltung und Handlungs-fähigkeit im Zusammenhang mit sinnstiftender Deutung des Lebens. Die ersten sechs Lebensjahre des Kindes spielen als entwicklungs-, bildungs- und lernintensive Zeit die wichtigste Rolle (vgl. Kapitel 2) (Orientierungsplan Kindergarten BW, S. 21 ff.).

Die dargestellten Aspekte sind wesentlicher Bestandteil bei der Betreuung von Kindergruppen. Sie sollten im allgemeinen Gruppenstundenablauf berücksichtigt und einbezogen wer-den. Die Gestaltung einer Gruppenstunde hängt auch maß-geblich von den Kindern ab, die der Kindergruppe angehören. Inhalte, Methoden und Abläufe werden durch die Kinder, ihren Entwicklungsstand und durch ihre Bedürfnisse bestimmt und müssen jeweils darauf abgestimmt werden.

Der Themenvielfalt ist in den Diensten der Kinderfeuerwehr nahezu keine Grenze gesetzt. Zu beachten sind verschiedene Rahmenbedingungen in Bezug auf den »Unterricht«, die auszuschöpfende Methodenvielfalt aus dem vorzugsweise kreativen und aktivierenden Bereich (s. u.) und die Einhaltung der Unfallverhütungsvorschriften (vgl. Kapitel 4.2) durch ent-sprechende Belehrungen und Übungen seitens dem versierten bzw. geschulten Stamm an Betreuerinnen und Betreuern, der seiner Vorbildfunktion gerecht wird.

Die nachfolgenden Planungsaspekte sollten – teils allge-mein, teils abhängig von Inhalt und Art der Gruppenstunde – immer wieder in das Gedächtnis gerufen und reflektiert werden:

- Flexibilität im Rahmen der eigenen Planung,
- Pünktlichkeit aller Betreuenden und Teilnehmen-den,

- Zuverlässigkeit des gesamten Betreuerteams,
- kommunizierte Erreichbarkeit mindestens der Leitung,
- Teamfähigkeit aller Mitwirkenden,
- hohe Motivation, die sich von den Betreuenden auf die Kinder überträgt,
- Beurteilung der Gruppengröße,
- Funktionalität der Räume und des Mobiliars einschließlich der Lichtverhältnisse (s. u.),
- sinnvolle Auswahl und Einsatz von Spielen,
- Aktivitäten/Aufgaben für »wartende« Kinder,
- Spaß und Freude als grundsätzliche Einstellung und Stimmung,
- aktive Betreuung und Kontaktpflege auch in besonderen Situationen (Pandemie) über soziale Medien.

Merke:

Natürlich würden Ansprüche an eine allumfassende und perfekte Umsetzung in der Realität am »Alltagsgeschäft« scheitern. Dies sollte aber nicht daran hindern, sich persönlich und im Team immer wieder hinsichtlich der grundsätzlichen Überlegungen zu hinterfragen.

5.2 Aufbau einer Gruppenstunde

Grundsätzliche Planung

Zunächst spielen die frühzeitige Planung und gezielte Ausstattung des Raumes und der Zeit eine entscheidende Rolle für das Gelingen der Gruppenstunde. Eine kindgerechte und zielorientierte Ausarbeitung einer Gruppenstunde gewährleistet eine hohe Qualität in der Kinder- und Jugendarbeit, was sich wiederum motivierend auf die Kinder und die Gruppenleitung auswirkt. Ein »Roter Faden« in der Gestaltung der Inhalte von Gruppenstunden wirkt einer Wiederholung von Themen entgegen und gewährleistet in verschiedenen Themenbereichen einen Spannungsbogen, der aufgebaut wird. So können Gruppenstunden inhaltlich chronologisch aufeinander abgestimmt werden.

Das Angebot muss verlässlich sein und die Kinder sollten möglichst von einem stabilen Leitungsteam betreut werden. Dies bedeutet, dass immer die gleichen Bezugspersonen für die Kinder zur Verfügung stehen. Ein verlässliches Angebot und eine zeitliche Kontinuität sind für die Gruppenstunden wichtig, kurzfristige Absagen oder häufige Ausfälle der Gruppenstunden führen bei den Kindern zu Frustration und mangelndem Interesse an der Gruppe.

Makroplanung

Dies bedeutet, sich einen sinnvollen Zeitraum (zumeist drei bis sechs, manchmal auch zwölf Monate) zu wählen, innerhalb dessen die Dienste geplant werden. Hierdurch ergeben sich eine gewisse Verlässlichkeit, Planbarkeit und Raum zur Vorbereitung.

Merke:

Eine spontan durchgeführte Gruppenstunde kann und muss im Ehrenamt immer möglich sein. In der Regel kann diese aber nie an die Qualität eines gut durchgeplanten Dienstes heranreichen.

Zur Dienstplangestaltung gehören die Zuständigkeiten im Leitungsteam, die Materialvorbereitung bzw. -beschaffung, die Planung von Exkursionen und Ausflügen sowie besondere Aktionen. Organisatorische Planungsaspekte hierfür finden sich in der folgenden Abbildung.

Bild 6:   *Organisatorische Planungsaspekte*

Inhaltlich ist darauf zu achten, dass die Themen der Gruppenstunden ungefähr in einem Verhältnis von Feuerwehr zu allgemeiner Kinder- und Jugendarbeit von circa 30 zu 70 Prozent liegen sollten.

Mikroplanung

Für die optimale Gliederung einer Gruppenstunde der Kindergruppen in der Feuerwehr kann auf erprobte Abläufe verwiesen werden, die sich als besonders sinnvoll herausgestellt haben. Um gute Lernergebnisse bei Freude und Motivation zu erzielen, sollten alle Unterrichtsstunden nach folgendem grobem Schema aufgebaut sein (Krenz/Rönisch, 2013). Der Situation angemessene Abweichungen von diesem Schema sind selbstverständlich möglich und ggf. sogar nötig:

- **Begrüßung**
  Die Begrüßung sollte in persönlicher Ansprache geschehen und im Sinne eines angenehmen Gruppenklimas erfolgen. Ebenso sind organisatorische Aspekte wie u. a. Anwesenheit und Räumlichkeiten zu berücksichtigen.
- **Einstieg ins Thema**
  Erst nach der Begrüßung ist ein inhaltlicher Einstieg sinnvoll. Dieser sollte möglichst motivieren und gleichzeitig transparent einen Ausblick auf die Gruppenstunde geben.
- **Hauptteil**
  Hier findet sich der eigentliche Dienstinhalt wieder. Hierfür sollte die Erfüllung eines oder mehrerer Ziele (z. B. »Alle Kinder sollen am Ende der Stunde die

beiden Notrufnummern unterscheiden und wiedergeben können«) angestrebt werden.

- **Ggf. praktischer Teil**
  Wann immer es möglich ist, sollte ein hoher Praxisanteil angestrebt bzw. eher theoretische Inhalte in die Praxis überführt werden.

- **Ausklang mit Ausblick (z. B. nächstes Thema)**
  Wie beim Einstieg sollten hier Inhalte und zwischenmenschliche Belange zusammengeführt werden. Dies gelingt, indem man den inhaltlichen Teil zusammenfasst und möglichst lobt, dankt und motiviert (»Das habt Ihr heute toll gemacht!«, »Ich habe mich sehr gefreut, dass Ihr heute bei uns gewesen seid!«). Der abschließende Ausblick soll dann möglichst zur Vorfreude auf die nächste Zusammenkunft führen.

Merke:

In der Gestaltung der Gruppenstunde sind vor allem klare, für die Kinder nachvollziehbare Strukturen wichtig. So kann zum Beispiel zu Beginn und am Ende ein immer wiederkehrendes Ritual einen sinnvollen Auftakt bzw. Ausklang der Gruppenstunde ermöglichen.

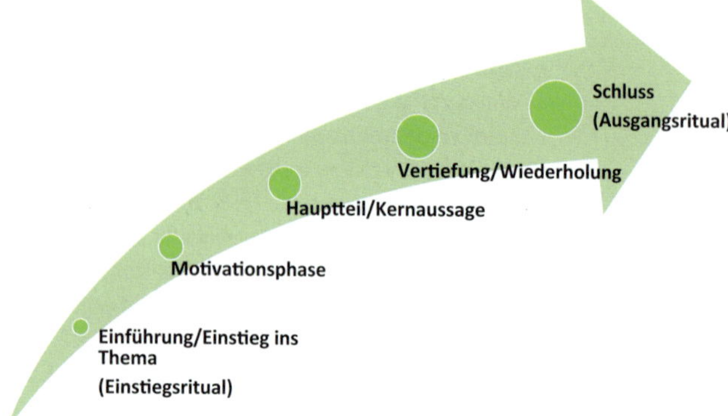

Bild 7:   *Ablauf einer Gruppenstunde (nach Krenz/Rönisch, 2013)*

Mit folgenden Grundsätzen kann die Betreuungsperson das Lernverhalten der Kinder positiv beeinflussen und einen erfolgreichen Verlauf der Gruppenstunden ermöglichen:

- Der Umgangston ist wenn möglich freundlich, dies drückt den Respekt vor den Kindern und einen Umgang auf Augenhöhe aus.
- Die Sprache sollte klar, anschaulich und verständlich sein, damit jedem Kind die Möglichkeit eröffnet wird, sich auf die Gruppenstunde einzulassen und dieser zu folgen.
- Humor kann man bekanntlich nicht lernen, aber sinnvoll eingesetzt führt dieser zur Schaffung einer angenehmen Atmosphäre.

- Durch einen originellen Einstieg in das Thema der jeweiligen Stunde werden die Kinder motiviert. Es gelingt so, die Aufmerksamkeit zu fokussieren und auf das Thema zu übertragen.
- An das Erfahrungs- und Vorwissen der Kinder sollte angeschlossen werden. Dies ermöglicht eine Verknüpfung mit der eigenen Lebenswelt und somit den Einbau der neu gewonnenen Erkenntnisse.
- Spontane Äußerungen der Kinder (auch Kritik und Reflexion) sind ebenso gewünscht wie kleine »Hilfstätigkeiten« (z. B. Material austeilen) an die Kinder zu delegieren. Dies führt über die Übertragung von Verantwortung zu mehr Eigenständigkeit.
- Sinnvoll eingesetzt, also weder zu zurückhaltend noch zu inflationär, führt ein Lob zu Freude, Motivation und einem gesteigerten Selbstwertgefühl der Kinder.
- Verschiedene Medien, Spiele und Unterrichtsmethoden lassen die Gruppenstunden abwechslungsreich wirken (s. u.), der Aktivitätsdrang der Kinder soll dadurch gefördert werden. Etwa alle 20 Minuten sollte ein Methodenwechsel stattfinden, um die Aufmerksamkeits- und Konzentrationsspanne nicht überzustrapazieren.

5.3   Methodische Hinweise

Wenn an dieser Stelle von pädagogischen Methoden gesprochen wird, so steht die Frage nach dem WIE, zum Erreichen eines Zieles, im Mittelpunkt. Methoden haben etwas mit planvollem Handeln zu tun und meinen jenes Handeln, das mehr oder minder erprobt oder gar standardisiert ist. Wenn also ein bestimmtes Ziel in der pädagogischen Arbeit erreicht werden soll, dann gibt es bestimmte pädagogische Methoden, die zu diesem Ziel führen.

Für die Arbeit mit den Kindern in der Feuerwehr werden hier im Folgenden einige Vorgehensweisen vorgestellt, die auf die Arbeit mit Kindern im Alter von sechs bis zehn Jahren ausgerichtet sind. Sie sollen helfen, die Gruppenstunden optimal aufzubauen und die besonderen Bedürfnisse und Fähigkeiten der Kinder zu berücksichtigen.

»Ziel […] pädagogischer Methoden ist es, dass [...] sie zufriedenstellendes Lernen ermöglichen. Der Lernende soll dabei das ihm unter methodischer Vermittlung Dargebotene nicht nur einfach übernehmen, sondern lernen, allmählich selbstständig Erkenntnisse zu finden und sich Kompetenzen aneignen.« (Thiesen 1999).

Zur Auseinandersetzung der Kinder mit dem Lerninhalt gibt es verschiedene Lernformen. Je nach Thema der Gruppenstunde sollte die passende Lernform gewählt werden. Um den Unterricht abwechslungsreich zu gestalten, sollten alle Lernformen vorkommen und variiert werden. Grundsätzlich müssen die Kinder so oft wie möglich selbst aktiv werden und sich einbringen können. Wenn die Kinder mit Begeisterung und Freude bei der Sache sind und am Ende der Stunde bei der Wiederholung auch einiges Neues wissen, so ist davon auszugehen, dass die gewählte Lernform für das Thema und die Kindergruppe genau richtig war.

Gespräche

Durch Gespräche kann das Vorwissen der Kinder erfragt und Gedanken, Ideen und Begriffe erklärt werden. Mittels Sprache können auf der theoretischen Ebene Dinge und Vorgänge erläutert, Tipps gegeben oder Regeln zusammen mit den Kindern erarbeitet werden.

Demonstrieren und Beobachtungen

Um Zusammenhänge zu verstehen, muss beobachtet werden. Die Betreuungsperson kann die Arbeitsweise eines Schaumrohres demonstrieren, und die Kinder können durch genaues Beobachten die Funktionszusammenhänge erkennen.

Untersuchen

Beim Untersuchen werden die Kinder selbst tätig. Sie untersuchen die Wirkung von verschiedenen Löschmitteln durch aktives Ausprobieren und beobachten genau, was passiert. Hierbei werden mehr Sinne angesprochen, als beim Gespräch oder beim Demonstrieren, das Lernen ist ganzheitlicher.

Herstellen und Konstruieren

»Das Herstellen [und] Konstruieren [...] wird auch als ›Denken der Hand‹ bezeichnet« *(Thiesen, 1999).*

Während des Herstellens tritt eine gedankliche Klärung ein. Diese Form eignet sich gut, um bereits angeeignetes Wissen zu vertiefen, zum Beispiel kann im Anschluss an das Thema »Einsatzkleidung« ein Feuerwehrmann mit vollständiger Schutzausrüstung gebastelt werden.

Malen

Durch das Malen verarbeiten Kinder, was sie bewegt oder was sie von der vorausgegangenen Lerneinheit noch wissen. Wenn ein Kind ein Einsatzfahrzeug als Drehleiter malt, so war diese für das Kind wahrscheinlich das eindrucksvollste Auto, das es bei der Fahrzeugkunde gesehen hat. Um zu erfahren, was Kinder bewegt, ist es sinnvoll, eine freie Malphase einzuplanen.

Spiele

Kinder sind meistens von Spielen – egal ob Bewegungs-, Rollen-, Regel-, Partner- oder Ratespiele – begeistert. Wer einen abwechslungsreichen, ansprechenden Unterricht gestalten will, sollte ab und zu ein Spiel einbauen. Dabei kann auf vorgefertigte Spiele zurückgegriffen werden, aber es können auch eigene entwickelt werden. Wichtig ist, dass die ausgewählten Spiele sich am Alter und Entwicklungsstand der Kinder orientieren. Im besten Fall ist die Betreuungsperson selbst von dem Spiel begeistert, denn so kann der Funke auch auf die Kinder überspringen. Die Regeln der Spiele sollten der Betreuungsperson selbstverständlich bekannt sein, dann steht der direkten Umsetzung nichts mehr im Wege. Mit dem Einsatz von sorgsam ausgewählten Spielen kann daher auf spielerische Art Wissen vermittelt werden.

5.4   Organisatorische Hinweise für die Durchführung der Gruppenstunden

Dauer, Häufigkeit und Zeitpunkt der Gruppenstunden

Die Erfahrung zeigt, dass die Dauer von Gruppenstunden mit Kindern dieses Alters zwischen 45 und 90 Minuten liegen sollte. Bei längeren Treffen sinkt die Konzentration der Kinder schnell ab, da sie zum Teil schon den ganzen Tag in der Schule und bei den Hausaufgaben aufmerksam waren. Die Gruppenstunden können wöchentlich oder vierzehntägig stattfinden, je nach zeitlichen Möglichkeiten der Betreuenden. Es bietet sich an, die Gruppenstunden direkt vor den Treffen der Jugendfeuerwehr und ggf. der Einsatzabteilung zu halten, damit die Kinder sich untereinander schon einmal kennen lernen und die Arbeit der anderen »beschnuppern« können. Somit wird ein möglichst reibungsloser Übergang von einer Gruppe zur Nächsten unterstützt.

Gruppengröße und Betreueranzahl

Die Gruppengröße kann durchaus variieren und es soll keine Mindestanzahl von Kindern vorgegeben werden. Zu beachten ist jedoch, dass es langfristig gilt, eine Gruppe mit mehreren Kindern zu bilden. Kinder wünschen sich den Austausch mit Gleichaltrigen und wollen sich nicht auf Dauer nur zu zweit mit ihrer Betreuungsperson alleine treffen. Um ein langfristiges Interesse an der Feuerwehr anzuregen, muss daher eine Gruppengröße gebildet werden, die den Kindern ein »sicheres Gruppengefühl« vermittelt. Darüber hinaus gibt es auch viele Spiele und Aktivitäten, die eine bestimmte Anzahl von Teilnehmenden benötigen und die in der Gemeinschaft einfach mehr Spaß machen. Der Umstand, dass in der Kinderfeuerwehr auch soziale Werte und Kompetenzen gefördert werden sollen (siehe Kapitel 1.2), verdeutlicht zudem, dass eine gewisse Gruppengröße notwendig ist.

Empfehlenswert ist es, als groben Mittelwert für je sechs Kinder eine Betreuungsperson einzusetzen. Je nach Aktivität müssen zwei oder mehr Betreuende (auch bei geringer Kinderzahl) anwesend sein, zum Beispiel bei Versuchen mit offenem Feuer oder Ausflügen. Abhängig ist der Betreuungsschlüssel zudem auch vom Alter, dem Reifegrad und der Verlässlichkeit der Kinder (vgl. Kapitel 4.1). Gleichzeitig sollten Qualifikation, Erfahrung und Kompetenz der Betreuenden berücksichtigt werden. Auch Eltern können als Betreuungspersonen hinzugezogen werden.

Räumlichkeiten

Die Räumlichkeiten der Vorbereitungsgruppen müssen für Kinder dieses Alters geeignet sein. In den Feuerwehrhäusern der örtlichen Feuerwehren findet man zum Teil Räume der Jugendfeuerwehr oder der Einsatzabteilung. Diese dürfen in der Regel von den Kindergruppen mitbenutzt werden. Häufig gibt es auch spezielle Schulungsräume, welche verwendet werden können. Schön wäre es, wenn der Raum von den teilnehmenden Kindern individuell eingerichtet und dekoriert werden könnte. Ausgestellte Gemeinschaftsarbeiten verleihen den oft kahlen Räumen eine angenehme, kindgerechte Atmosphäre. Eine Vitrine kann auch eine Möglichkeit bieten, die Arbeit der Kinderfeuerwehr darzustellen, ebenso können hier mögliche Urkunden, Pokale oder Zeitungsauschnitte ihren Platz finden.

Es gibt gewisse Einrichtungsgegenstände, welche notwendig sind, um den individuellen Bedürfnissen der Kinder im Alter von sechs bis zehn Jahren gerecht zu werden:

- Sitzgelegenheiten und Tische mit ausreichendem Platz für alle Gruppenmitglieder müssen vorhanden sein.
- Für Spiele und Bewegungsaktivitäten bieten sich die Fahrzeughallen und Garagen an.
- Ein Hof oder eine Wiese mit Platz für Spritzübungen im Freien ist sinnvoll, um auch praktische Abläufe auszuprobieren.
- Die sanitären Anlagen der Gerätehäuser sollen den Kindern zur Verfügung stehen und auf ihre Eignung hin geprüft werden: Eventuell werden Hilfsmittel wie Trittschemel für das Erreichen von Wasch- oder Urinalbecken/Toiletten benötigt.
- Besonders bei der Arbeit mit digitalen Medien (z. B. eine Präsentation oder ein Film via Beamer) ist auf die Lichtverhältnisse bzw. die Möglichkeit der Verdunkelung zu achten.

Materialien für die Gruppenstunden

Ein Materialschrank und eine kindgerechte Garderobe sollten für die Kindergruppe zur Verfügung stehen. Folgende Materialien sollten für die Gruppenstunde zum Basteln, Malen, Gestalten und Schreiben vorhanden sein und in diesem Materialschrank aufbewahrt werden können:

- Bastelmaterial (Kopier-, Plakat- und buntes Bastelpapier, Wolle, Filz-, Holz- und Bleistifte, Radiergummi und Spitzer, Kinderscheren und Kleber, alte Tischdecken oder Unterlagen etc.),
- Büromaterial (Magnete, Overheadfolien, Locher, Sammelordner, Flip-Chart und Flip-Chart-Block etc.),
- Hygiene- und Putzartikel (Taschentücher, Putzlappen, Handtücher, Wassereimer, Reinigungsmittel etc.),
- Erste-Hilfe-Set,
- Verpflegung (gesunde Snacks und Getränke).

Finanzierung und Zuschüsse

Die Teilnahme an den Gruppenstunden sollte kostenlos sein. Lediglich bei besonderen Veranstaltungen (Ausflüge, Feiern etc.) oder Ausrüstungsgegenständen wie T-Shirts oder Warnwesten können Kosten entstehen, welche auf die Erziehungsberechtigten umgelegt werden können. Wenn die Feuerwehr über einen Förderverein verfügt, kann auch dieser die Materialkosten oder Teilbeträge übernehmen. Darüber hinaus besteht die Möglichkeit, bei der Verwaltung einen Antrag auf Zuschuss für bestimmte Veranstaltungen und Materialien zu stellen.

5.5   Allgemeine Kinder- und Jugendarbeit und Feuerwehrtechnik

Die Allgemeine Kinder- und Jugendarbeit sollte zwei Drittel der Gesamtzeit der Gruppenstunden und somit einen Großteil ausmachen. Der sozialpädagogische Aspekt steht bei der Arbeit mit Kindergruppen klar im Vordergrund. Dennoch ist die Feuerwehrtechnik das Herzstück der Feuerwehrarbeit. Hier zeigt sich der große Spagat zwischen zielorientierter Kinder- und Jugendarbeit und der Hinführung zur feuerwehrtechnischen Arbeit. Die Kinder besuchen schließlich die Kindergruppe, gerade weil es sich um die Feuerwehr handelt.

Merke:

Mit etwas Fantasie und Kreativität kann nahezu jede Methode aus der allgemeinen Kinder- und Jugendarbeit »rot angestrichen« werden, um den Bezug zum Alleinstellungsmerkmal »Feuerwehr« immer wieder herzustellen.

5.5.1 Allgemeine Kinder- und Jugendarbeit

Um die große Vielfalt möglicher Themen zu verdeutlichen (vgl. Kapitel 5.1) und gleichzeitig Anregungen für die inhaltliche Gestaltung zu geben, sind nachfolgend verschiedene erprobte Beispiele aus der Praxis aufgeführt:

Tabelle 3: *Praxisbeispiele*

	Basteln und Werkeln	Sport und Spiel	Lesen und Lernen	Größere Veranstaltungen/Feste
Beispiel	■ Basteln eines Feuerwehrautos aus Karton ■ Herstellen eines Feuerwehrhelmes aus Pappmaché ■ Gemeinschaftscollage eines Feuerwehrmannes ■ Nistkastenbau/ Insektenhotel ■ Adventsbasteln ■ …	■ Spielnachmittag mit Feuerwehrbrettspielen ■ Kickerturnier ■ Wanderrallye mit Stationsaufgaben und Spielen ■ Feuerwehrquiz ■ Wanderung ■ Radtouren ■ Wasserspiele ■ …	■ Arbeitsblätter (zur Schutzausrüstung, zum Erkennen von Brandquellen, zu den Feuerwehrfahrzeugen…) ■ Bilderbuchbetrachtung zu den Aufgaben der Feuerwehr ■ Vorlesen einer Feuerwehrgeschichte mit anschließender Nacherzählung ■ Bewegungsgeschichte Feuerwehr ■ Lieder lernen ■ Feuertanz einstudieren und den Eltern vorführen ■ …	■ Urkundenverleihung »Ich kann einen Notruf richtig absetzen« ■ Besichtigung anderer Feuerwachen ■ Übernachten im Feuerwehrhaus ■ Tag der offenen Tür ■ Sommerfest, Halloweenfeier, Martinszug, Weihnachtsfeier etc. ■ Beteiligung an sozialen Aktionen (zum Beispiel »Weihnachten im Schuhkarton«) ■ Gemeinsam Grillen, Kochen, Backen ■ Ausflüge: Schlittschuhlaufen, Indoorspielplatz, Naturerkundungen ■ Zuschauen bei Übungen der Einsatzabteilung und der Jugendfeuerwehr ■ Teilnahme an Zeltlagern ■ Teilnahme am Faschingsumzug/ Festzügen (ggf. mit selbst gebastelten Kostümen und Wagen) ■ …

Grundsätzlich kann davon ausgegangen werden, dass jüngere Kinder kreativ-spielerische Ansätze bevorzugen. Geeignete Möglichkeiten, um ein altersangemessenes Lernumfeld zu bieten, finden sich in vielfältigen, interaktiven Spielen, die den Kindern bereits aus dem Kindergarten, Kindertagestätten sowie den Grundschulen bekannt sein dürften. Ab dem Grundschulalter dürfen die Vorgehensweisen etwas komplexer und ggf. auch »ernster« werden, um dem Reifegrad und den Ansprüchen gerecht zu werden (vgl. Kapitel 2.2).

Merke:

Sinnvoll sind ein wiederkehrender Wechsel von Methoden und Darstellungsformen sowie das Einhalten von Entspannungsphasen (Pausen).

Die praktische Umsetzung (Allgemeine Kinder- und Jugendarbeit)

Kreative Ansätze, um die Stunden zu füllen, können in Form von Mal- und Bastelarbeiten und dem Erstellen von Plakaten umgesetzt werden. Klassische Beschäftigungen wie das Erlernen und Singen von (themenspezifischen) Liedern, das Auswendiglernen oder Vorlesen (lassen) von Gedichten und das Bearbeiten von Arbeitsblättern können ebenfalls sinnvoll in die Gruppenstunden integriert werden. Darüber hinaus können noch mediale Aktionen, wie das Anschauen eines Films, einer Handpuppenaufführung (wobei hier die Kinder auch selbst aktiv als Puppenspieler tätig werden können) sowie das Vorlesen von Bilderbüchern durchgeführt werden.

Gruppenübungen, Rätsel- und Erzählrunden, Bewegungsspiele, (Feuer-)tänze und Experimente können darüber hinaus die Sozialkompetenz der Kinder und ihre Teamfähigkeit stärken. Sollte die Stimmung innerhalb der Gruppe zu ausgelassen werden, kann das Erzählen von Entspannungsgeschichten diese »Überdrehtheit« wieder abflauen lassen.

An zwei Beispielen soll gezeigt werden, wie mit den bisher dargestellten Grundsätzen und Methoden diese Inhalte kindgerecht umgesetzt werden können:

1. Gruppenstunde mit der Jugendfeuerwehr

- **Rahmenbedingungen:** Samstag 9 bis 12 Uhr, max. 25 Kinder im und um das Feuerwehrhaus zulassen.
- **Versorgung:** Ausreichend Essen und Getränke bereitstellen.
- **Materialien:** Arbeitsleine, Schwämme, Eimer, Fußball, Plane, 4 Leitkegel bereitlegen.
- **Ablauf:**
    - Kinder/Jugendliche kommen an, eine Begrüßungsrunde findet statt und der Stundenablauf wird erläutert.
    - Zum Kennenlernen folgt ein Spiel (z. B. Obstsalat mit Feuerwehrgegenständen) und eine Vertrauensübung (z. B. Spinnennetzspiel – Kinder werden durch ein Netz aus einer Arbeitsleine gereicht).
    - Ein weiteres Spiel (z. B. das Schwammspiel: zwei Teams (gemischt) werfen Schwämme mit Wasser über die Plane und drücken sie in den Eimer aus) wird gespielt.
    - Es folgt eine Pause zum Erholen, Kleider trocknen, Essen und Trinken.

- Nach dem Essen kann ein Fußballturnier folgen.
- In der Abschlussrunde wird nachgefragt, wie es den Kindern gefallen hat. Ggf. erfolgt eine Siegerehrung (Fußballturnier).

2. Gruppenstunde: Redewendungen mit Feuer

- **Anfangsritual** durchführen.
- **Übung oder Spiel** durchführen:
  - Begriff »Redewendung« mit Kindern klären – anhand einer bekannten Redewendung, z. B. wer anderen eine Grube gräbt …, wie/wann werden Redewendungen verwendet.
  - Sucht eigene Redewendungen mit Feuer! Paare bilden, jedes Paar sucht eine Redewendung, ggf. Hilfestellung geben (Redewendungen: für jmd. durchs Feuer gehen, Feuer und Flamme sein, sich den Mund verbrennen, seine Hand für jmd. ins Feuer legen, wie Feuer und Wasser, mit dem Feuer spielen, Öl ins Feuer gießen, jmd. Feuer machen, viele Eisen im Feuer haben, mit Feuereifer dabei sein).
  - Die gefundene Redewendung bearbeiten. Jedes Paar überlegt sich, wie (Rollenspiel, Bild, Gedicht, Lied).
  - Die Kinder präsentieren ihre Redewendungen.
- **Abschlussritual** durchführen und Verabschiedung.

5.5.2 Feuerwehrtechnik in der Kindergruppe

Die feuerwehrtechnische Bildung ist Bestandteil der Arbeit in der Jugendfeuerwehr und somit auch in der Kindergruppe. Hier sollte man sich aber beispielsweise auf das Anschauen von Feuerwehrfahrzeugen und das Probetragen von Einsatzkleidung beschränken. Wenn Kinder an das Thema »Feuerwehr« herangeführt werden, sollte dies generell über die Brandschutzerziehung erfolgen. In der Regel ist das Thema »Brandschutzerziehung« im Kindergarten im Jahr vor der Einschulung bereits eingeführt und besprochen worden. In der Kindergruppe kann die Brandschutzerziehung vertieft und verstärkt mit Themen ausgefüllt werden. Beispielsweise kann das Thema »Feuer und Wasser« erarbeitet und dann im Anschluss inhaltlich zur Feuerwehr übergeleitet werden. Brandschutzerziehung ist die ideale Möglichkeit, Kinder für die Arbeit der Feuerwehr zu gewinnen und den »Nachwuchs« in der Kindergruppe und in der Jugendfeuerwehr zu begeistern, denn diese setzt am elementaren Wissen aus Kindergarten und Schule an (vgl. Kapitel 1.2).

Nachfolgend sind zahlreiche Anregungen zur Verdeutlichung dargestellt. Diese Themen sind als Sammlung zu verstehen, die nicht einem bestimmten Ablauf folgen. Hiermit soll deutlich werden, dass die Themenwahl für die Gruppenstunden ein Stück weit flexibel bleiben muss. Dies ist sinnvoll, damit Betreuende der Kindergruppen auf die Wünsche und Neugierde der Kinder eingehen können, die zum Beispiel aus aktuellem Anlass (Unwetterschäden, Einsatz der eigenen/örtlichen Feuerwehr) entstehen. In diesem Fall ist es immer empfehlenswert, dieses Interesse in der jeweiligen Stunde aufzugreifen (vgl. Kapitel 2.2).

Diese Aufstellung dient daher der Orientierung und soll Hilfestellung für eine Auswahl an Gestaltungsmöglichkeiten für die Gruppenstunden geben. Zu beachten sind hierbei das unterschiedliche Lerntempo, die Aufnahmefähigkeit der Kinder, die Altersspanne innerhalb der Gruppe sowie die Wiederholung einzelner Themenblöcke wie zum Beispiel das Absetzen eines Notrufes, um durch die regelmäßige Übung das richtige Verhalten einzuüben.

1. **Feuer heute und damals**

   - Das Element Feuer als Naturgewalt kennenlernen, »gutes und schlechtes Feuer« unterscheiden.
   - Feuer als Freund: Das Feuer wärmt, das Feuer macht Licht, das Feuer liefert Energie.
   - Feuer als Feind: Das Feuer zerstört Gebäude, das Feuer zerstört die Natur, das Feuer verletzt und schädigt Menschen. Hierbei zur Verdeutlichung die begriffliche Unterscheidung zwischen »Feuer« und »Brand«.
   - Erfahren, wie der Mensch gelernt hat, das Feuer zu kontrollieren.
   - Die Geschichte der Feuerwehr erkunden, nachvollziehen, einwirken lassen. Dabei ggf. die Geschichte des St. Florian und den Bezug zur Feuerwehr thematisieren.
   - Falls möglich, den Besuch in einem Feuerwehrmuseum organisieren, um die genannten Aspekte zusammenfassend und unmittelbar zu erleben.

2. **Verbrennen und Löschen**
   - Anwendung, Gefahren und Einsatz von Streichhölzern.
   - Anwendung, Gefahren und Einsatz von Feuerzeugen.
   - Praktische Versuche vorführen und unter entsprechender Aufsicht selbst durchführen lassen.
   - Theoretisches und wenn möglich praktisches Kennenlernen und Anwenden verschiedener Löschmethoden.

3. **Verhalten in Gefahrensituationen**
   - Besprechen, beibringen und üben, wie ich mich verhalte, wenn es brennt.
   - Besprechen, beibringen und üben, wie ich verletzten Personen helfen kann.
   - Kennenlernen, Erkennen und Beurteilen von Fluchtwegen.
   - Üben des richtigen Verhaltens in Gefahrensituationen durch Rollenspiele.
   - Andere Gefahrensituationen thematisieren und besprechen, zum Beispiel Unfall, Hochwasser, Stromausfall.

4. **Notruf**
   - Kennenlernen, Verstehen und Anwenden der W-Fragen. Dies möglichst im Rahmen der aktuellen Lehrmeinung und der örtlichen Abfragemodalitäten der Leitstelle.
   - Kennenlernen, Einschätzen und Unterscheiden der Notrufnummern.

- Notruf praktisch anhand von Beispielen (z. B. auf Bildern) absetzen.
- Verleihung einer Notruf-Urkunde.

5. **Aufgaben der Feuerwehr**

- Was bedeutet »Brandschutz«, was genau tut die Feuerwehr hier?
- Was bedeutet »Technische Hilfeleistung«, was genau tut die Feuerwehr hier?
- Auswirkungen von und Maßnahmen gegen Unwetter.
- Wie kann die Feuerwehr Tieren bei der Tierrettung helfen?
- Was kann man sich unter Vorbeugendem Brandschutz vorstellen, was tut die Feuerwehr, was kann man als Bürger tun?
- Wofür gibt es Förderverein und Verbände (möglichst mit vorstellbarem Bezug zur Kinderfeuerwehr, z. B. die letzte Spende des Fördervereins, eine bekannte Aktion des Verbandes)?

6. **Ausrüstung/Fahrzeuge/Geräte der Feuerwehr**

- Vorstellung der Fahrzeuge in der eigenen Feuerwehr, in der Nachbarschaft, darüber hinaus.
- Was sind Armaturen, wofür werden diese eingesetzt, was kann man (ggf. praktisch) damit machen?
- Arten und Längen von Schläuchen, Sinn und Zweck, Einsatzmöglichkeiten, ggf. eigene Erprobung.

– Einsatz von Knoten in der Feuerwehr, Vergleich mit anderen Bereichen (Klettern, Schifffahrt, Bau, Schnürsenkel).
– Welche Kleinlöschgeräte gibt es, wofür werden diese eingesetzt, möglichst eigene Erprobung (Kübelspritze)?

7. **Löschwasserversorgung**

– Wofür benötigt die Feuerwehr das Wasser?
– Woher bekommt die Feuerwehr das Wasser?
– Vergleich von Hydranten, Brunnen, Zisterne, Fluss/Teich.
– Wenn möglich, Übung mit Wasser (nicht nach FwDV 3).

8. **Gefahren und die UVV**

– Generelle Gefahren für Kinder und was sie dagegen tun können, zum Beispiel Kinderfahrräder, Inliner, Skateboards.
– Gefahren auf dem Schulweg und im Verkehr.
– Verhalten bei offenen, vereisten Gewässern im Winter, Gefahr des Einbrechens.
– Gefahren an Weihnachten und Silvester.

9. **Gefahren bei der Feuerwehr**

– Warum ist eine Einsatzstelle gefährlich?
– Was kann ich mir mit AAAACEEEE merken (nur sehr einfach, in Auszügen und abhängig vom Alter!)?
– Was ist gefährlich im Verkehr?

– Welche Gefahren bestehen bei Dunkelheit?

10. Schutzausrüstung

– Gibt es eine Schutzausrüstung in der Kindergruppe?

– Welche Schutzausrüstung trägt die Jugendfeuerwehr?

– Unterschiede und Funktion der Schutzausrüstung in der Einsatzabteilung.

– Besondere Einsatzkleidung, z.B. Imkeranzug, Atemschutz.

11. Erste Hilfe für Kinder

– Eigenschutz und Notruf als vorangestellte Vorgehensweisen.

– Was sind Verletzungen und Krankheiten?

– Erkennen von lebensbedrohlichen Zuständen und ggf. Einsatz von lebensrettenden Sofortmaßnahmen.

– Grundlagen und Methoden der Wundversorgung.

12. Wettbewerbe

– Geschicklichkeits- und Schnelligkeitsübungen mit feuerwehrtechnischem Gerät (z.B. Staffellauf mit D-Strahlrohr, Geschicklichkeitslauf durch die Lücken einer am Boden liegenden Leiter.

– Feuerwehrauto-Rennen mit Bobbycars.

– Murmel durch einen D-Schlauch transportieren.

13. **Jugendfeuerwehr (möglichst im Zeitraum des Übertritts)**
    - Was sind die Inhalte und Unterschiede in der Jugendfeuerwehr?
    - Welche Wettbewerbe gibt es und welche Abzeichen kann man sich verdienen?
    - Vorführungen/Übungen der Jugendfeuerwehr für die Kindergruppe.
    - Gemeinsame Aktionen planen, um sich kennenzulernen und den späteren Übergang in die Jugendfeuerwehr zu erleichtern (Patenschaften).

14. **Natur- und Umweltschutz**
    - Was hat die Feuerwehr damit zu tun?
    - Welche Aufgaben nimmt sie wahr?
    - Die Natur erforschen, z. B. Thema Wald, Fluss, See und die dort lebenden Tiere.
    - Sammeln von Naturmaterialien und dann verschiedene Dinge damit gestalten.
    - Umweltgerechtes Verhalten thematisieren, besprechen, vormachen.
    - Praktisch Müll vermeiden und recyceln, zum Beispiel Papier aus Altpapier selbst herstellen.
    - Beteiligung z. B. an einer Müllsammelaktion in der Gemeinde.

15. **Besondere Aktionen**
    - Besichtigungen von anderen/größeren Feuerwehren, einer Berufsfeuerwehr, der Polizei, einer anderen Hilfsorganisation

(Deutsches Rotes Kreuz, Johanniter Unfall-hilfe, Arbeiter Samariterbund, Malteser Hilfsdienst), des THW, der Leitstelle.

– Infonachmittag für Eltern, Familie, Freunde. Hier Vorführung einer Übung, Informationen über Stellwände und Flyer, Mitmachspiele, Fahrzeugschau, Wasserspritzen (und natürlich den gemütlichen Teil [aber bitte immer ohne Alkohol und Rauchen!] nicht vergessen).

Merke:

Für alle diese genannten Themen gibt es unzählige theoretische Materialien. Diese dürfen und sollen gern genutzt werden, dabei aber bitte niemals außer Acht lassen, dass das größte Pfund beim Lernen und in der Feuerwehr die praktische Anwendung ist.

Die praktische Umsetzung (Feuerwehrtechnik)

Am Beispiel »Gerätekunde« soll gezeigt werden, wie mit den bisher dargestellten Grundsätzen und Methoden dieses Dienstthema kindgerecht umgesetzt werden kann:

Zunächst wird eine Auswahl an Geräten durch die Betreuenden (alternativ auch gerne durch fachlich versierte Mitglieder der Einsatzabteilung) in den Fahrzeugen am Standort vorgestellt und erklärt. Daraufhin sollen einige Geräte – hier besonders die, mit denen geübt wird – in dieser Gruppenstunde im Einzelnen vorgestellt und besprochen werden:

- Standrohr Größe: 2 x C,
- Sammelstück Größe: A- 2B,

- Blindkupplungen Größe: C,
- Saugkorb Größe A (wenn vorhanden auch B),
- Feuerwehrleine (Fangleine) im Leinenbeutel mit Tragleine,
- Hydrantenschlüssel,
- Hydrantenschild mit und ohne Beschriftung,
- Verkehrsleitkegel 500 mm hoch oder kleiner,
- Handscheinwerfer.

Die auf Tischen ausgelegten Geräte werden von den Betreuungspersonen vorgestellt. Dies erfolgt im Sinne einer Wiederholung und darf natürlich die Kinder gedanklich gern mitnehmen, indem die erinnerten Erkenntnisse der Vorstellung in den Fahrzeugen einbezogen werden. Die Kinder sitzen um die Tische. Alle dürfen die Gegenstände der Reihe nach in die Hand nehmen, sie befühlen, laut benennen und ihr Gewicht spüren. Haben die Kinder alle Geräte begutachtet, verbindet man dem ersten Kind die Augen mit einem geeigneten Tuch. Es muss nun ein bereitgelegtes Gerät durch Befühlen erraten. Wenn von ihm ein bis zwei Gegenstände erkannt worden sind, kommt das nächste Kind an die Reihe. Es wird solange gespielt, bis das letzte Kind die ihm vorgelegten Gegenstände erkannt hat.

Achtung:

Wenn die Gefahr besteht, dass einzelne Kinder sich bloßgestellt fühlen, kann auch im Team gearbeitet werden.

Merke:

Wie bei jedem Beispiel ist Abgucken grundsätzlich gerne erlaubt, es bedarf aber immer einer Anpassung an den eigenen Standort, das Betreuerteam und nicht zuletzt natürlich an die Kindergruppe.

Weitere Geräte und Hilfsmittel der Feuerwehr können auch mit Spielen (z. B. Rätseln) verbunden werden, um sie den Kindern spielerisch nahe zu bringen. Hierzu einige Beispiele:

1. Ich belade mein Feuerwehrauto

Alle Kinder sitzen im Kreis. Ein Kind im Kreis beginnt das Feuerwehrauto zu beladen, in dem es einen Gegenstand nennt, den es im Feuerwehrauto mitnimmt. Er sagt z. B.: »Ich belade mein Feuerwehrauto mit einem Verteiler.« Das benachbarte Kind fährt fort: »Ich belade mein Feuerwehrauto mit einem Verteiler und einem Strahlrohr.« Danach müssen Verteiler, Strahlrohr und noch ein weiterer Gegenstand benannt werden, usw. Reihum kommt jeweils ein weiterer Gegenstand dazu. Alle Gegenstände müssen in der richtigen Reihenfolge aufgesagt werden. Wenn ein Fehler gemacht wird, muss diese Person ein Pfand abgeben oder eine kleine Aufgabe lösen z. B. auf einem Bein hüpfen. Bei der Einführung kann es helfen, die Ähnlichkeit zu »Ich packe meinen Koffer« darzustellen.

2. Der Feuerwehrhelm ist rund

Die Spielleitung, die einen Feuerwehrhelm auf dem Kopf hat, zeichnet mit einem Finger zu dem Spruch: »ALSO: Der Feuerwehrhelm ist rund, der Feuerwehrhelm ist rund. Er hat zwei Augen, Nase, Mund.« einen Feuerwehrhelm in die Luft. Danach wird ein Kind aufgefordert, es nach zu machen. Jetzt versuchen alle in der Gruppe nacheinander, genau dasselbe zu machen. Die Spielleitung kommentiert dann immer, ob es richtig oder falsch war. Dabei kommt es nicht aufs Malen an, sondern nur darauf, dass das Wörtchen »ALSO« ebenfalls erwähnt wird.

3. Einsatzspiel

Man erstellt einen Hindernisparcours aus den vorhandenen Gegenständen, z. B. eine Bank zum Drüberklettern und einen Tisch zum Darunterklettern, Verkehrsleitkegel als Slalomparcours aufstellen, eine Arbeitsleine als Balancierseil auf dem Boden auslegen, … Am Ende des Parcours legt man ein D-Strahlrohr auf den Boden. Nun soll das Kind schnellstmöglich durch den Parcours laufen und das Strahlrohr aufheben und dieses mit nach vorne zum Start bringen. Bei älteren Kindern kann man auch die Zeit stoppen.

4. Hydrantensuchen

Das Hydrantenschild wird den Kindern gezeigt und ausführlich erläutert. Danach sollen sie Hydranten selbst finden (andere Zahlen einsetzen).

Merke:

Zu der generellen Arbeit mit Geräten gibt es einige Anmerkungen, die beachtet werden sollten (vgl. Kap. 4.2):

- D-Druckschläuche 25 mm können die Kinder bedenkenlos nutzen.
- Das Sammelstück und der Saugkorb sollen nur gezeigt werden. Die Wasserförderung kann auch über eine Tragkraftspritze (TS) erfolgen.

- Die Feuerwehrleine (Fangleine) kann natürlich nicht in voller Länge von den Kindern genutzt werden. Es ist zu empfehlen, die Leine nach ca. 5 m mit einem Knoten zu markieren. Ein Auswerfen der Leine mit Leinenbeutel ist dann möglich.
- Bei einer Übung mit Wasser sollen die Kinder schon Handschuhe und Helme für ihre Größe tragen.
- Alle Kinder sollen mit festen Schuhen zur Gruppenstunde kommen.
- Mädchen wie Jungs haben lange Hosen zu tragen.

5.6 Gelungene erste Gruppenstunde

Die gelungene erste Gruppenstunde kann entscheidend sein und stellt den wichtigen Übergang zwischen Öffentlichkeitsarbeit und späterer Gruppenarbeit dar. Hier zeigt sich, ob die öffentlichen Aktionen und Hinweise (vgl. Kapitel 6) angenommen wurden und es werden die ersten Weichen gestellt, damit die Gruppe auch zukünftig bestehen bleibt. Bei der ersten Gruppenstunde sollen die Kinder Spaß an praktischen Tätigkeiten haben. Diese Stunde muss sehr genau geplant sein, denn danach entscheidet sich, ob die Kinder wiederkommen oder nicht. Auf den spielerischen Teil des Unterrichts folgt dann der organisatorische Teil. Hier werden die Dienstpläne mit den Kindern besprochen, damit sie wissen, was sie erwartet und auf was sie sich freuen können. Auch die genauen Termine der Gruppenstunden sowie die Kontaktdaten der Gruppenleitung sollten darauf zu finden sein. Die Aufnahmeanträge werden ausgeteilt mit dem Hinweis, diese vollständig ausgefüllt zum nächsten Treffen wieder mitzubringen.

Merke:

Es gibt keine zweite Chance für einen ersten Eindruck.

Mögliche Inhalte/Ablauf:

- Ausführliche Vorstellungsrunde der Betreuenden mit persönlichem und Feuerwehrhintergrund sowie der eigenen Motivation für die Arbeit in der Kindergruppe.

  → Dies schafft möglichst Transparenz, Vertrauen und Nähe.

- Kurze Vorstellungsrunde der Kinder (z. B. mit Namensaufklebern, hierbei immer den Zeitaufwand beachten).

  → Sorgt für ein erstes Kennenlernen mit Namen, sollte aber im Rahmen der persönlichen Reife aufgefangen werden.

- Erwartungen und Interessen der Kinder abfragen, wenn möglich ausführlich/ausreden lassen.

  → Hierdurch besteht die Möglichkeit, die Kinder gedanklich abzuholen und deren Motive zu erfahren.

- Kennenlernspiele durchführen.

  → Endlich weg vom »Reden«. Schafft Auflockerung, nimmt Hemmungen, erzeugt Freude.

- Feuerwehrhaus besichtigen und alles zeigen, was interessant ist.

→ Hier greift der erste Vorteil, mit dem wir punkten können, eine erste Neugierde wird gestillt und Vorfreude geschaffen. Achtung: Natürlich vorher aufräumen und wenig repräsentative Stellen (»gewisse Poster«, ggf. Alkoholika) beseitigen oder notfalls auslassen).

- Regeln besprechen und verbindlich festlegen.

  → Hier empfiehlt sich ein mindestens zweistufiges Vorgehen, unmittelbar und wenn sich die Gruppe besser kennt. Ein gemeinsames Erarbeiten erhöht nachhaltig die Akzeptanz.

- Zusammenkommen in der Abschlussrunde.

  → Hier können alle noch offenen Fragen geklärt und schon erste Weichen für ein dauerhaftes Abschlussritual gestellt werden.

- Ausblick auf die nächsten Stunden, Verteilung des Dienstplans.

  → Stellt Verbindlichkeit her, schafft Vorfreude und Motivation, evtl. auch schon auf die Ausgabe der »Dienstkleidung«.

Merke:

Auch eine später stattfindende erste Gruppenstunde für ein neues Kind kann oft von entscheidender Bedeutung sein.

5.7   Elternabende

Elternabende sind ein wichtiger Bestandteil der Arbeit mit Kindern. Sie eröffnen die Möglichkeit, sich kennenzulernen und beidseitig im Gespräch zu bleiben. Eltern möchten naturgemäß wissen, wem sie ihre Kinder anvertrauen. Betreuende sollten einen Eindruck gewinnen, welche Eltern zu dem jeweiligen Kind gehören. Neben regelmäßigen Veranstaltungen, die gern auch mit einem gemütlichen Beisammensein verbunden werden dürfen (um sich ggf. von schulischen Elternabenden abzugrenzen), empfehlen sich auch Informationsabende im Vorfeld von größeren Unternehmungen wie z. B. Fahrten. Elternabende bieten sich zudem an, um die Eltern über die Arbeit positiv zu informieren und auf dem Laufenden zu halten. Diese wiederum werden sich automatisch mit anderen Eltern über die Arbeit und die Gruppe austauschen. Wenn sie ein gutes Bild von der Kindergruppe haben, werden sie somit auch positive Werbung dafür machen. Hier ein möglicher Ablauf eines Elternabends:

- Vorstellungsrunde der Betreuenden und der Feuerwehrführung,
- Ablauf des Elternabends,
- Erwartungen der Eltern,
- Ziele der Kindergruppe,
- Ablauf der Gruppenstunden,
- Rechtliche Grundlagen (Einverständnis, Versicherung…),
- Fragen der Eltern,
- Adressen-/Telefonliste (DSGVO beachten),

- Raum für Einzelgespräche bzgl. Besonderheiten der Kinder (Allergien, Krankheiten…).

Mit dem Hintergrundwissen dieses Kapitels, in Verbindung mit den vorangegangenen Methodenvorschlägen sowie eigenen Kenntnissen und Erfahrungen, sind Betreuungspersonen in der Lage, Gruppenstunden an den Besonderheiten der Kinder in der Altersgruppe von sechs bis zehn Jahren auszurichten.

6 Öffentlichkeitsarbeit

6.1 Mitgliederwerbung und Marketing

»Marketing bedeutet die Planung, Koordination und Kontrolle aller auf den aktuellen Markt ausgerichteten Aktivitäten« (Meffert et al., 1998).

Wie auch in der Wirtschaft stehen wir als Jugend- und Kinderfeuerwehren in einem ständigen Wettbewerb mit anderen Anbietern der Jugendpflege. So wie ein Produkt im Supermarktregal nur bestehen kann, wenn es gut beworben wird, müssen auch wir gute Öffentlichkeitsarbeit leisten, um uns von anderen Angeboten abzugrenzen.

Mit der Gründung einer Kindergruppe kann man auf dem Markt der Freizeitangebote für Kinder und Jugendliche bestehen. Durch eine Zielgruppenspezialisierung wird der Gesamtmarkt in mehrere homogene Bereiche (zum Beispiel Jugendtreff, Pfadfinder, Fußball, Kindergruppe in der Feuerwehr…) geteilt und es wird sich auf einen Bereich (hier die Feuerwehr) spezialisiert. Vorteile sind die für den ausgewählten Bereich qualifizierten Betreuungspersonen und die entsprechende Sachausstattung, die kein anderer »Anbieter« in dieser Form leisten kann. Durch ein klar gefasstes Ziel weiß der potenzielle Kunde – Kinder und Jugendliche im angesprochenen Alter und deren Eltern –, was ihn erwartet. Durch gezielte Werbung und eine positive Öffentlichkeitsarbeit können neue »Kunden«, also Mitglieder gewonnen werden.

Merke:

Die Grundideen »Wettbewerb« und »Markt« sollen natürlich keinesfalls im Widerspruch dazu stehen, dass eine Zusammenarbeit mit anderen Kinder- und Jugendeinrichtungen absolut wünschenswert ist.

Um die Zielgruppe (Kinder zwischen sechs und zehn Jahren) zu erreichen, über das neue Angebot zu informieren und davon zu überzeugen, sind verschiedene Aktivitäten notwendig.

Info:

Im Downloadcenter »Kinder in der Feuerwehr« (Stand Dezember 2021) ist weiteres umfangreiches Material zu finden, wie Checklisten und Formulare:
https://jugendfeuerwehr.de/schwerpunkte/kinder-in-der-feuerwehr

Flyer

Zuerst könnten die Kinder durch einen ansprechenden, informellen Flyer erreicht werden. Der Flyer ist ein Klassiker der Werbung, denn es lässt sich eine Menge Inhalt unterbringen und er ist relativ kostengünstig herzustellen.

Der Flyer für die Kindergruppen sollte optimalerweise alle notwendigen Informationen über die Gruppenstunden (Inhalt, Zielgruppe, Treffpunkt) in kindgerechter und attraktiver Form enthalten. Damit soll die Neugier bei den Kindern geweckt werden. Sie müssen sich persönlich angesprochen fühlen. Flyer werden idealerweise an alle Kinder im Alter von sechs bis zehn Jahren verteilt. Dies kann an der Bushaltestelle geschehen, durch eine Postwurfsendung oder aber auch in der Schule beziehungsweise im letzten Kindergartenjahr. Die persönliche

Übergabe eines Flyers hinterlässt immer die größte Wirkung, da mit dem Inhalt des Flyers auch ein Gesicht, also eine Person verbunden wird.

Merke:

Für alle Aktivitäten in Kindergärten und Schulen immer Rücksprache halten und Genehmigung einholen.

Plakate

Ähnlich wie die Flyer können Plakate gedruckt oder selbst geschrieben werden, um noch mehr Aufmerksamkeit bei der Öffentlichkeit zu erregen und eine breite Masse an potenziellen »Kunden« zu erreichen. Zu beachten ist jedoch, dass trotz des größeren Formates im Vergleich zum Flyer weniger Informationen von den Betrachtenden aufgenommen werden. Bis zu fünf verschiedene Informationen werden maximal registriert, das heißt, bei der Gestaltung des Plakates nicht auf die Masse der Inhalte setzen, sondern auf den besonderen Effekt, der sich in der Erinnerung der Betrachtenden hält. Kreative und originelle Umsetzungen erzielen höhere Aufmerksamkeit. Die Zusammenarbeit mit professionellen Grafikern und Illustratoren kann sich hierbei durchaus lohnen.

Anzeige oder Pressemitteilung in der Lokalzeitung

Zusätzlich zu den ausgeteilten Flyern und Plakaten kann kurz vor der ersten Infoveranstaltung eine Anzeige oder eine Pressemitteilung im Gemeindeblatt abgedruckt werden. Das ruft den Termin nochmals ins Gedächtnis und erreicht vielleicht weitere Kinder und Eltern, die den Flyer und die Plakate aus verschiedensten Gründen nicht erhalten oder gesehen haben.

Bild 8: Beispiel für eine sehr gelungene Plakatgestaltung. Bei dem Mitmach-Tag für Kinder handelt es sich um eine Aktion im Rahmen des bundesweiten dezentralen Mitmach-Tags »Kinder in der Feuerwehr« der Deutschen Jugendfeuerwehr, welches vom Bundesministerium für Familie, Senioren, Frauen und Jugend gefördert wird. (Illustration Anke Evers, www.ankeevers-illustration.de)

Bei Pressemitteilungen gehört das Wichtigste stets an den Anfang, da bei möglichen Kürzungen der Redaktion gerne von hinten nach vorne gekürzt wird. Die folgenden fünf W-Fragen sollten immer in der Pressemitteilung beantwortet werden:

- **Wer:** Wer sind die handelnden Personen?
- **Was:** Welches Ereignis findet/fand statt?
- **Wann:** Zu welcher Zeit findet/fand das Ereignis statt?
- **Wo:** An welchem Ort findet/fand das Ereignis statt?
- **Wie/Warum:** Hier sollten nähere Informationen über den Sinn und Zweck des Ereignisses oder der Gruppe gegeben werden, welche die gesamte Mitteilung abrunden.

Merke:

Falls verfügbar, immer ein oder mehrere Bilder zur Verfügung stellen (Datenschutz beachten!). Dies ist häufig bei den Online-Darstellungen zwingend nötig.

Internetauftritt/Homepage

Die meisten Feuerwehren haben bereits eine Homepage, auf der ihre Ziele, Ausbildungsinhalte und weitere Informationen veröffentlicht sind. Dort kann auch eine eigene Rubrik zum Thema »Kindergruppe« erstellt werden. Eine eigene Homepage ist eine gute Plattform, um sich mit anderen auszutauschen oder sich selbst positiv darzustellen.

Vorteile sind die schnelle Aktualisierung und Mitteilung künftiger Ereignisse, jedoch muss diese kontinuierliche Pflege geleistet werden können. Nichts ist schlimmer, als längst veraltete Informationen auf der Startseite der Homepage. Wenn die regelmäßige Pflege an der Stelle nicht möglich ist, dann ist es besser, eine allgemeingültige und neutrale Aufmachung zu finden und eine gesonderte Seite für Aktionen einzurichten. Auch hier gilt für die Gestaltung oft: Weniger ist mehr!

Inhalte der Seite können beispielsweise die aktuellen Dienstpläne der Gruppenstunden mit Treffpunkt und Uhrzeit sein sowie Ansprechpartner, Kontaktdaten und Berichte über Aktionen und Veranstaltungen. Fotos können immer einen guten Eindruck des Ganzen vermitteln.

Infoveranstaltung

Mit einer Informationsveranstaltung, zum Beispiel an einem Samstagnachmittag mit Spielen, Kaffee und Kuchen, wird die durch den Flyer ausgelöste Neugierde befriedigt. Besonders ansprechende, kindgerechte Aktionen (Fahrt mit dem Feuerwehrauto, Spritzübungen, Vorführungen, Kinderschminken…) binden die Kinder an das neue Freizeitangebot. Es wird das Bedürfnis ausgelöst, unbedingt zum nächsten Treffen wiederzukommen. Es kann auch regelmäßige Infoangebote zu allgemeinen Themen geben, die Aufmerksamkeit erregen und Interesse wecken.

Die Veranstaltungen können beispielhaft unter den folgenden (natürlich kombinierbaren) Überschriften stattfinden:

- Rauchmelder-Tag,
- Fettbrand richtig löschen,
- Feuerlöscher bedienen,
- Sicherheit im Verkehr,
- Erste Hilfe.
- Fahrradhelm warum?
- Wie lösche ich verschiedene Brände richtig?
- Quiz »Sinn und Inhalte der Kindergruppen«.

6.2   Kontinuierliche und langfristige Öffentlichkeitsarbeit

Nachdem eine Kindergruppe erfolgreich gegründet wurde, muss mit dem Werben in der Öffentlichkeit fortgefahren werden. Damit die Gruppe weiterhin im Fokus bleibt und damit immer wieder neue Mitglieder kommen, kann man durch Berichte in Gemeindeblättern (zum Beispiel über einen Ausflug der Gruppe) oder durch einen »Tag der offenen Tür« von sich reden machen. Bei einem »Tag der offenen Tür« können Infowände mit Bildern einen guten Eindruck der Inhalte vermitteln. Ebenso Bildercollagen und Zeichnungen der Kinder. Weitere Aktionen für einen solchen Tag können sein:

- Liedervortrag,
- Kuchenverkauf,
- Spiele und Aktionen für die Kinder,
- Spiele für Eltern und Kinder,
- Quiz und Wissensfragen für Eltern und Kinder,
- Wasserspiele.

Auch bei Festen der Gemeinde (Dorffest/Weihnachtsmarkt etc.) kann mit einem Info-Stand geworben werden. Aktionen wie Plätzchen backen und verkaufen oder der Besuch im Altenheim mit den selbstgebackenen Plätzchen können für Aufmerksamkeit sorgen. Eine Buttonmaschine, mit der gemeinsam mit den Kindern Buttons gestaltet und hergestellt werden, ist ebenfalls ein Anziehungspunkt bei Festen. Ebenso die Ausrichtung einer Kinderdisco.

Ein Schaukasten mit dem aktuellen Dienstplan und wichtigen Informationen, die stets auf dem neuesten Stand sein sollten, kann ebenfalls neue Mitglieder anziehen. Darüber hinaus stärkt ein solcher Schaukasten das Selbstbewusstsein und das Gruppengefühl der Kinder. Ein Gruppenfoto und weitere Bilder von Aktionen der Kindergruppe sowie die Kontaktdaten der Leitung sollten hier zu finden sein.

Kooperationen mit örtlichen Bildungsträgern und Betreuungseinrichtungen sowie mit örtlichen Unternehmern und dem Einzelhandel sollten auch in Betracht gezogen werden. Hier kann zum einen gute gemeinsame Öffentlichkeitsarbeit betrieben werden, aber auch interessante Gruppenstunden z. B. mit dem Bäcker, Imker oder dergleichen stattfinden.

Besuche in Schulklassen oder Kita sind in Absprache ggf. auch eine Möglichkeit, die Kindergruppe bekannt zu machen und zu präsentieren. Wenn bereits Flyer bestehen, können diese hier an die Schülerinnen und Schüler ausgeteilt werden, um die Arbeit und die Inhalte der Gruppenstunden zu beschreiben. In erster Linie aber können Alarmübungen, Brandschutz, Versuche/Experimente und das Absetzen eines Notrufes Einblicke in die Inhalte der Kindergruppe geben. Auch der Freundetag (jedes Kind bringt einen Freund/eine Freundin mit) ist eine gute Gelegenheit, sich zu präsentieren.

Fazit

Die »Kinder in der Feuerwehr« sind der neueste Bereich innerhalb der Einrichtung Freiwillige Feuerwehr, aber erfreulicherweise befinden wir uns hier inzwischen nicht mehr ganz am Anfang. Gleichwohl gibt es eine Vielzahl von Fragen, aber auch Unsicherheiten zur Gründung und zum dauerhaften Betrieb von Kindergruppen in der Feuerwehr. In dem vorliegenden Werk wurde aufgezeigt, welche große Bedeutung diese Altersgruppe in der Feuerwehr haben kann und wird. Dabei muss allen Beteiligten immer bewusst sein, wie wichtig die Kenntnis der Eigenschaften und Bedürfnisse der uns anvertrauten Kinder ist. Zudem sollten das rückwirkende Hinterfragen des eigenen Handelns sowie das vorausschauende Planen von Aktionen Überlegungen sein, die auch im Alltag niemals verlorengehen dürfen.

Dieses Buch hat im Sinne einer kompakten und kompetenten Zusammenfassung hierzu Informationen und Denkanstöße geliefert. Die Verfasser wünschen sich einen aufgeschlossen kritischen Umgang mit dem Werk und möchten damit zum Weiterlesen weiterführender Literatur animieren, vor allem aber zum aktiven Engagement in der Feuerwehr beitragen.

Literatur- und Quellenverzeichnis

Deutsche Jugendfeuerwehr (DJF): Jahresstatistik 2018, online abrufbar unter: Jahresstatistik 2018: Deutsch (jugendfeuer¬wehr.de), letzter Zugriff: 25.06.2021.

Deutsche Jugendfeuerwehr (DJF): Projektgruppe Kinder in der Feuerwehr, online abrufbar unter: https://jugendfeuerwehr.de/schwerpunkte/kinder-in-der-feuerwehr, letzter Zugriff: 25.06.2021.

Deutsche Jugendfeuerwehr (DJF): Kinder in der Jugendfeuerwehr im Deutschen Feuerwehrverband e.V. Eine Arbeitshilfe mit Anregungen und Hinweisen für die Praxis, 2011, online abrufbar unter: https://jugendfeuerwehr.de/fileadmin/user_upload/DJF/Download/Kinder_in_der_Feuerwehr/Arbeitsheft_Kinder¬feuerwehr_01.pdf, letzter Zugriff: 02.08.2021.

DESTATIS. Statistisches Bundesamt: Entwicklung der Bevölkerungszahl bis 2060 nach ausgewählten Varianten der 14. koordinierten Bevölkerungsvorausberechnung, Stand 4. Juli 2019, online abrufbar unter: https://www.destatis.de/DE/The¬men/Gesellschaft-Umwelt/Bevoelkerung/Bevoelkerungsvor¬ausberechnung/Tabellen/variante-1-2-3-altersgruppen.html#¬fussnote-1-353524, letzter Zugriff: 07.06.2021.

Evers, Anke: Illustration, Webseite abrufbar unter: www.ankee¬vers-illustration.de, letzter Zugriff: 02.08.2021.

Gesetze im Internet: Sozialgesetzbuch (SGB) – Achtes Buch (VIII) – Kinder- und Jugendhilfe – (Artikel 1 des Gesetzes v. 26. Juni 1990, BGBl.I S.1163), online abrufbar unter: SGB 8 – Sozial¬gesetzbuch (SGB) – Achtes Buch (VIII) – Kinder- und Jugendhilfe – (Artikel 1 des Gesetzes v. 26. Juni 1990, BGBl.I S.1163) (gesetze-im-internet.de), letzter Zugriff: 08.09.2021.

Gesetze im Internet: Straßenverkehrs-Ordnung (StVO), § 21 Personenbeförderung, online verfügbar unter: https://www.gesetze-im-internet.de/stvo_2013/__21.html, letzter Zugriff: 08.09.2021.

Günther, Herbert: Fit für Feuergefahr: Flammy, Marco und das Feuer. Regional-Feuerwehrverband Vorderpfalz, 2006.

Juleica: Jugendleiter|in Card: Webseite abrufbar unter: www.juleica.de, letzter Zugriff: 02.08.2021.

Krenz, Nadine/Landesfeuerwehrschule Baden-Württemberg (LFS BW): Entwicklungspsychologie von Kindern, Power Point Präsentation (o. A.).

Krenz, Nadine/Rönisch, Torsten/Landesfeuerwehrschule Baden-Württemberg (LFS BW): Kindergruppen in der Jugendfeuerwehr – pädagogisches Konzept und Handreichung, online abrufbar unter: https://www.lfs-bw.de/themen/jugendfeuerwehr/kindergruppen/, letzter Zugriff: 02.08.2021.

Landesfeuerwehrschule Baden-Württemberg (LFS BW): Handreichung der Kindergruppen in Baden Württemberg, online abrufbar unter: https://www.lfs-bw.de/themen/jugendfeuerwehr/kindergruppen/, letzter Zugriff: 25.06.2021.

Landesfeuerwehrverband und Jugendfeuerwehr Rheinland-Pfalz: Leitfaden für die Betreuenden in der Bambini-Feuerwehr, Ausgabe 2017.

Landesjugendring (LJR) Rheinland-Pfalz (2019): Juleica. Handbuch für Jugendleiterinnen und Jugendleiter, online abrufbar unter: https://www.ljr-rlp.de/Medien/hauptsammlung/dokumente/download-center/sonstiges/f/juleica-handbuch-fuer-jugendleiterinnen-und-jugendleiter-rp-2019, letzter Zugriff: 03.08.2021).

Meffert, Heribert et al.: Marketing. Grundlagen marktorientierter Unternehmensführung Konzepte – Instrumente – Praxisbeispiele, Springer, 1998.

Metzinger, Adalbert: Entwicklungspsychologie kompakt für sozialpädagogische Berufe – 0-11 Jahre. Ausbildung und Studium, 2. Auflage, Bildungsverlag EINS, 2011.

Literatur- und Quellenverzeichnis

Ministerium für Kultur, Jugend und Sport Baden-Württemberg: Orientierungsplan für Bildung und Erziehung in baden-württembergischen Kindergärten und weiteren Kindertageseinrichtungen, 2011.

Ministerium für Kultur, Jugend und Sport Baden-Württemberg: Bildungsplan der Grundschule, online abrufbar unter: http://www.bildungsplaene-bw.de/bildungsplan,Lde/BP2016BW_ALLG_GS, letzter Zugriff: 02.08.2021.

Müller, Julia/Ehlen, Vanessa: Leitfaden für die Betreuenden von Bamibini-Feuerwehren in Rheinland-Pfalz, Landesfeuerwehrverband und Jugendfeuerwehr, 2011.

Pieper, Mareike: Motorische Entwicklungsförderung im frühen Schulkinderalter. Überprüfung zweier bewegungsgestützter Fördermaßnahmen. Dissertation. Ruprecht-Karl-Universität, Heidelberg, online abrufbar unter: Motorische Entwicklungsförderung im frühen Schulkindalter: Überprüfung zweier bewegungsgestützter Fördermaßnahmen – heiDOK (uni-heidelberg.de), letzter Zugriff: 02.08.2021.

Schaub, Horst/Zenke Karl G.: Wörterbuch Pädagogik. Deutscher Taschenbuch Verlag (dtv), 2000.

Staatsinstitut für Frühpädagogik (ifp): Familienhandbuch, online abrufbar unter: https://www.familienhandbuch.de/, letzter Zugriff: 02.08.2021.

Thiesen, Peter: Die gezielte Beschäftigung im Kindergarten. Freiburg im Breisgau, 1999.

Unfallkasse Hessen (UHK) (o. A.): Mitfahren im Feuerwehrfahrzeug? Na klar – aber sicher! Ein Merkblatt der Unfallkasse Hessen, online abrufbar unter: UKH_Merkblatt_Kinder_Mitfahren_im_FWAuto.pdf, letzter Zugriff: 02.08.2021.

Zeissner, Georg: Arbeitsbuch Kindergarten. Stam Verlag. 1996.

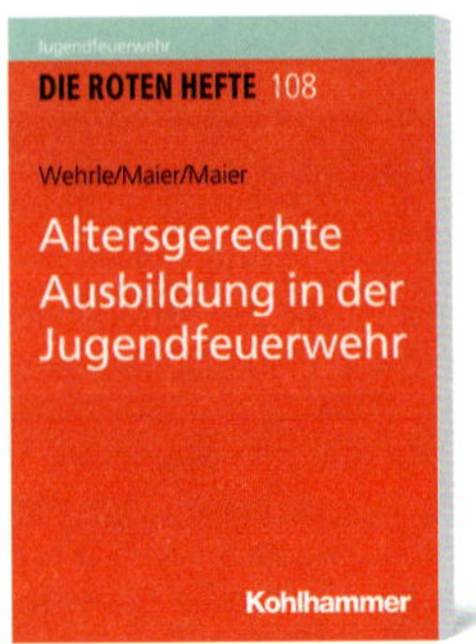

Silke Wehrle/Armin Maier/
Roswitha Maier

Altersgerechte Ausbildung in der Jugendfeuerwehr

2020. 170 Seiten. 57 Abb. Kart.
€ 19,– inkl. elektr. Zusatzmaterial
ISBN 978-3-17-036484-4
Die Roten Hefte Nr. 108
Jugendfeuerwehr

Digital-Ausgabe erhältlich in der BRANDSchutz-App und als E-Book.

Die Jugendarbeit in der Freiwilligen Feuerwehr besitzt einen hohen Stellenwert – hat sie doch das Ziel, nachhaltig junge Feuerwehrleute heranzuziehen. In ihrem Buch bieten die Autoren eine umfangreiche Übersicht zu den verschiedenen Phasen des Lebensabschnitts „Jugend", um zu erklären, wie Jugendliche „ticken" und was die Gründe für oftmals herausfordernde Verhaltensweisen sein können.

Die Erkenntnisse aus dieser Übersicht schaffen ein Verständnis für diese Altersgruppe mit ihren individuellen Bedürfnissen. Denn nur eine auf diese Umstände angepasste Jugendarbeit ermöglicht es, die Jugendlichen nachhaltig zu motivieren und langfristig an die Feuerwehr zu binden. Praxisorientierte Tipps und Hinweise für einen angemessenen Umgang mit den Jugendlichen runden den Titel ab.

Leseproben und
weitere Informationen:
www.kohlhammer-feuerwehr.de

Kohlhammer
Bücher für Wissenschaft und Praxis

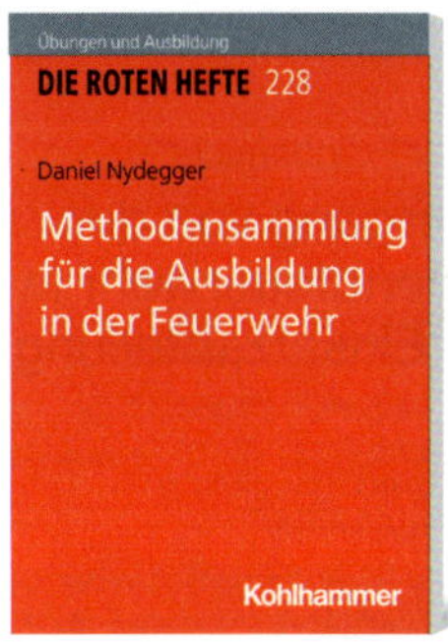

Daniel Nydegger

Methodensammlung für die Ausbildung in der Feuerwehr

2021. 93 Seiten. 26 Abb., 1 Tab.
Kart. € 15,–
ISBN 978-3-17-039436-0
Die Roten Hefte/
Ausbildung kompak Nr. 228
Übungen und Ausbildung
Digital-Ausgabe erhältlich in der
BRANDSchutz-App und als E-Book.

Eine zielführende und motivierende Ausbildung ist das Kernelement einer einsatzstarken Feuerwehr. Damit in der Ausbildung nicht nur frontal Wissen vermittelt wird, sondern die Auszubildenden nachhaltig Nutzen hieraus ziehen können, braucht es verschiedene Elemente. Eines davon ist die Methodik in der Ausbildung, also die Frage danach, wie etwas vermittelt wird.

Der Autor stellt anhand einer Sammlung von 14 Methoden exemplarisch vor, wie man eine Übung methodisch spannend und sinnvoll gestalten kann. Das Buch bietet Ausbildern, nicht nur auf Führungsebene, eine schnelle Übersicht mit wichtigen Tipps und Tricks für eine zielführende und spannende Ausbildungsgestaltung.

Leseproben und
weitere Informationen:
www.kohlhammer-feuerwehr.de

Dieter Fröchtenicht

Übergang von der Jugendfeuerwehr in die Einsatzabteilung

2018. 78 Seiten. 20 Abb., 7 Tab.
Kart. € 13,–
ISBN 978-3-17-032179-3
Jugendfeuerwehr
Digital-Ausgabe erhältlich in der
BRANDSchutz-App und als E-Book.

Die Jugendfeuerwehr ist das Organ der Nachwuchsgewinnung der Freiwilligen Feuerwehr. Problematisch ist allerdings vielfach der Übergang von der Jugendfeuerwehr in die Einsatzabteilung. Zu diesem Zeitpunkt treten viele Jugendliche aus der Feuerwehr aus. Die Gründe dafür sind sehr unterschiedlich und reichen von veränderten Lebensumständen bis zum völligen Verlust des Interesses an der Feuerwehr.

Das Buch beschreibt die Problematik beim Übertritt von der Jugendfeuerwehr in die Einsatzabteilung und mögliche Beweggründe für den Austritt. Es gibt Anregungen und Hinweise, wie der Übergang in die Einsatzabteilung gestaltet werden kann, damit es gelingt, die Anzahl der Austritte zu reduzieren.

Leseproben und
weitere Informationen:
www.kohlhammer-feuerwehr.de

Kohlhammer
Bücher für Wissenschaft und Praxis